江戸の天才数学者

世界を驚かせた和算家たち

鳴海風

新潮選書

江戸の天才数学者　世界を驚かせた和算家たち　目次

江戸の天才数学者

世界を驚かせた和算家たち

はじめに

和算は〝日本の数学〟という意味である。

江戸時代に入ってから、和算は独特の発達をとげた。鎖国政策が徹底されていたので、同時代の他国の数学の影響をほとんど受けていなかった。それにもかかわらず、関孝和《せきたかかず》のベルヌーイ数発見のような世界にさきがけた業績があり、一方で算額奉納のような我が国固有の習慣が生まれたりもした。

明治になって、こんにち私たちが使っている西洋数学が教育の基本となったため、それまで日本人がなじんでいた数学は、和算と呼ばれ、区別されるようになった。和食、和服という呼び方と同じで、江戸時代の人たちは、和算という言葉を使っていない。数学、算術、算法、算用などと言っていた。

和算は、もとは中国や朝鮮から伝わってきた文化で、漢文で表現されていたから、東アジア漢字文化圏の貴重な遺産でもある。

ここで文化という言葉を使ったが、数学はもともと理工系のための学問ではなかった。中国では古来六芸《りくげい》「礼、楽（音楽）、射（弓術）、御（馬術）、書、数」といって、数学は身分ある人の基礎教養の一つであった。西洋でも、古代ギリシアのピタゴラス、十七から十八世紀に活躍したフランスのデカルト（一五九六―一六五〇）、ドイツのライプニッツ（一六四六―一七一六）といった有名な数学者たちは、同時に哲学者であり思想家であった。

筆者は、数学とはものごとを論理的に説明するための言語のようなもの、と思っている。実際「数学は言語・言葉である」と考えている数学者や物理学者は数多くいて、言語学の研究対象にもなっている。

こう書いてくると、数学とは何なのか、分からなくなってきた読者も多いかもしれない。実はそれが狙いで、ここまでわざと思わせぶりな書き方をしてきた。なぜなら、読者の方々には、頭の中にある数学のイメージをいったん忘れてほしいからである。

和算を現在の西洋数学と同一線上にあるものとして理解しようとすると、和算を誤解してしまう恐れが大きい。もちろん、本書に登場する和算家たちも、数学を実用に供する学問として、暦の作成、土木事業、航海術などに使っていた。しかし、基本的には、身分や職業、年齢、性別に関係なく、人々が夢中になれる〝文化的な趣味〟、楽しみのひとつであった。

近頃は、数学と聞いただけで拒否反応を示す人が多くいるが、江戸時代の人たちにとって、和算はそのようなものではなかったはずである。

本書では、江戸時代の数学者たちを時系列で紹介していく。それぞれの和算家の魅力、そして和算の歴史を知ってもらいたいと思っているが、筆者の狙いはそれだけではない。

和算に詳しい読者ならば、目次に並んでいる和算家のラインナップに多少違和感を覚えるかもしれない。田中由真《よしざね》、松永良弼《よしすけ》、久留島義太《くるしまよしひろ》、安島直円《あじまなおのぶ》、和田寧《やすし》、内田五観《いつみ》など、和算史を語る上で欠かせない天才数学者たちが抜けているではないか、と。

しかしそれは、筆者がいまの日本社会に伝えたいメッセージを込めるための、恣意的な選択の結果なのである。その詳しい説明は「おわりに」で述べることにして、ここではヒントだけを示しておく。

グローバル時代に突入した現在、日本社会は大きな転換点を迎えている。たとえば、TPP（環太平洋経済協定）問題ひとつをとっても、国論は賛成と反対の真っ二つに割れている。グローバルな競争に身をさらさなければ日本は世界に取り残されると考える人もいれば、逆にこういうときこそ日本の伝統と文化を受け継いできた国内市場を守りながら発展を目指すべきだと考える人もいる。

果たして、江戸時代に生きた和算家たちならば、どんな風に考えるだろうか？

そんな視点を持ちながら本書を読んでいただければ、筆者の狙いも理解していただけると思う。

第一章　吉田光由（一五九八～一六七二）——技術屋が書いたベストセラー

江戸時代のベストセラー

江戸時代初期、寛永四年（一六二七）に出版された『塵劫記《じんこうき》』という数学書がある。『塵劫記』はその後も版を重ね、多くの数学ファンとともに研究者を生み出した。もしこの本の登場がなかったなら、和算文化が花開くこともなかったかもしれない、と言われるほど多くの人々に読まれた本である。

実際、江戸時代後期になると、もはや子供でも知っているような本だった。たとえば、弥次郎兵衛《やじろべえ》と喜多八《きたはち》の珍道中記として有名な滑稽本《こっけいぼん》、『東海道中膝栗毛《とうかいどうちゅうひざくりげ》』にも『塵劫記』が出てくる。

吉原宿《よしわら》（現在の静岡県富士市）を過ぎたあたりで、弥次喜多の二人は、旅人に菓子を売っている小僧と出会う。

二人は菓子を買って食べるが、小僧が掛け算ができないことをよいことに、喜多八は次々に代金をごまかす。

「二文の菓子が五ツで二五の三文か。コレここにおくぞ」

「三文の菓子を四ツ食ったから、三四の七文五分か。エイワ、五分はまけろ、まけろ」

よせばいいのに、今度は餅《もち》に目をつけて、二人はそれもたいらげて、またごまかそうとする。

「五文ずつならこうと、二人で六ツ食ったから、五六が十五文、ソレやるぞ」

すると、ようやくインチキに気がついた小僧が、掛け算はやめてくれという意味で、『塵劫記』を持ち出すのだ。

「イヤこの衆は、もう塵劫記の九九じゃァ売りましない。五文ずつ六ツくれなさろ」

小僧はまだ『塵劫記』をしっかり勉強していなかったが、その本の中に九九の計算があることは知っていた。「塵劫記の九九じゃァ売りましない」で笑いがとれるほど、『塵劫記』は人口《じんこう》に膾炙《かいしゃ》していたのだ。

『塵劫記』の表紙（名城大学附属図書館蔵）

『塵劫記』はよく売れたので、たちまち海賊版が出た。江戸時代を通じて、類似の本が続々と出版された。寺子屋で使われる教科書にもなった。明治初期までに出た『○○塵劫記』とか『塵劫記○○』といったタイトルの本だけで、四百種類もあるという。とにかく塵劫記と付け加えるだけで「楽しく学べる実用数学書」を意味するようになったほどである。

名門・角倉一族に生まれて

『塵劫記』の著者は、豪商・角倉《すみのくら》一族に連なる吉田光由《みつよし》という人物である。

角倉一族は、さかのぼれば、宇多源氏《うだげんじ》に端を発する近江《おうみ》の武家である。その末裔《まつえい》が、京都嵯《さ》峨《が》で土倉《どそう》と呼ばれる金融業を始めた。もとは吉田という姓であったが、朱印船《しゅいんせん》貿易に進出した角倉了以《りょうい》の代から、屋号でもあった角倉を名乗るようになった。朱印状を受けた慶長八年（一六〇三）以降、了以は安南（ベトナム）等との海外貿易で莫大な利益を得、角倉家を「茶屋」「後藤」「灰屋《はいや》」などと肩を並べる豪商に押し上げた。

金融業・貿易業で巨万の財をなした一族は、単なる成金《なりきん》ではなく、高い教養と志をもっていた。代々、医者や学者を輩出しており、実際、了以の父親も足利将軍を診た医師だった。また、自身二度明《みん》に渡ったことがあり、現地での多くの見聞とともに、医学書や数学書を大量に持ち帰り、了以とその弟たちに伝えたという。

了以の息子素庵《そあん》も、のちに近世儒学の祖と呼ばれた藤原惺窩《せいか》の薫陶《くんとう》を受け、書画工芸で名高い本阿弥光悦《ほんあみこうえつ》から書を学んだ。素庵は能書家として角倉流を興《おこ》し、また、光悦らと協力して嵯《さ》峨本《がぼん》と呼ばれる典雅な本を刊行するなど、当代きっての文化人であった。

しかし、何といっても角倉了以・素庵父子の名前を不滅にしたのは、河川開削事業である。最初に取り組んだのが、大堰川《おおいがわ》（保津川《ほづがわ》）の開削だった。

京都嵐山にある大悲閣《だいひかく》千光寺には、素庵と親しかった林羅山《らざん》が撰《えら》んだ『河道主事嵯峨吉田氏了以翁碑銘』が残されている。

「初めて大井河を浚《さら》ふ、其《その》底にある所の大石巨巌《きょがん》は、轆轤《ろくろ》（滑車）を以《もっ》て之《これ》を索牽《さくけん》し、磧《せき》石の水底沙中《さちゅう》に在《あ》るものは、則《すなわ》ち浮楼《ふろう》（やぐら）を構へて、銑頭の若《ごと》き鐵棒《てつぼう》の長さ三尺、周り三寸、柄《え》の長さ二丈許《ばか》りなるを以て、縄《なわ》に繋《つな》ぎ、役丁《えきちょう》数十人をして挽扛《ばんこう》し、徑《ただち》に投下して之を衝《つ》かしむ、石悉《ことごと》く碎散《さいさん》す、石の水面に出づるは、則ち烈火《れっか》にて之を焼破《しょうは》す、河廣《ひろ》くして淺《あさ》き者は、石を帖《さだ》めて岸を挾《はさ》み、其流れを深くす、又瀑《たき》の湧出《ゆうしゅつ》する所あれば、其《その》上を鑿《うがっ》て下流と之を準平《じゅんぺい》にす」

碑文の内容からは、相当の難工事だったことがうかがわれるが、海外から得た最新の土木工事の知識に、独自の工夫を加えながら開削を進め、慶長十一年（一六〇六）、わずか五ヶ月という短期間で舟運《しゅううん》を可能にした。

この成功により、父子は幕府からも開削工事を命じられるようになる。いわば公共工事を請け負うようになったのである。急流で知られた富士川と天竜川の開削に取り組み、京都の鴨川《かもがわ》水道の整備も完成させた。さらに父子は、私財を投じて、鴨川に並行する新しい運河の開削にも乗り出し、慶長十九年（一六一四）、高瀬川を開通させる。

さて、吉田光由は、慶長三年（一五九八）、京都嵯峨で生まれた。このとき、角倉了以は四十五歳、素庵は二十八歳である。角倉家とは、光由の祖父が了以の従兄弟にあたるという関係であった。次々と大きな開削事業に挑む了以と素庵の姿を間近に眺めながら、一族の一人として、いつか自分も大きな事業を、と若い血を熱くたぎらせていたのではないだろうか。

技術屋だった光由

吉田光由が一族の中で頭角を現したのは、今も京都の北嵯峨に残る「菖蒲谷隧道《しょうぶだにずいどう》」の難工事を完成させたときである。この工事は、寛永元年（一六二四）から二年ごろに完成したとされているので、光由は二十七歳か二十八歳、『塵劫記』を出版する二年か三年前ということになる。

当時の北嵯峨一帯は水利が悪く、農民は干害《かんがい》に悩まされることが多かった。地元大覚寺《だいかくじ》から対策の要請があったが、当主の素庵は多忙で対応できない。そこで手を上げたのが光由だった。光由は、これまで了以、素庵父子が実施してきた開削工事とは一味違う計画を立てる。ただ単に河川の開削をして水を引くのではなく、長尾山《ながおやま》の北に人工の池を作り、傾斜のついた約二百メートルのトンネルを掘って、たまった水を南側へ流すという、大胆かつ野心的な内容である。これまでとは比較にならないほど緻密《ちみつ》な計算が必要とされるのは言うまでもない。

一方、この計画について、角倉一族の承認を得るのも容易ではなかった。大堰川や高瀬川の開削では、莫大な費用はすべて角倉一族でまかなったが、後に通行料を徴収して投資の回収をすることができた。それに対して今回の工事は、地元に対する慈善活動的な色彩が強かったから、失敗は許されないのである。経験の浅い光由が立てた前例のない計画に対して、一族の人々が難色を示したのは想像に難くない。

しかし、既に事業を任せられるだけの知識と信頼を素庵から得ていたのだろう。素庵の後押しによって計画は実行に移され、光由は、これを見事にやってのけた。菖蒲谷隧道工事の成功で名を上げた光由は、吉田家の三男という一門の中では傍流に過ぎない立場だったが、豪商・灰屋与兵衛《よへえ》の娘と縁組することになった。

さて、このエピソードからも分かるように、吉田光由は、純粋な数学者というよりも、むしろ有能な土木技術者であった。数学を理論として追究していたのではなく、土木工事などの実務に生かすスキルと考えており、今でいうと応用数学者タイプだったのである。

『塵劫記』がベストセラーになった要因も、そんな光由の実務志向にあるように思われる。本の構成を見ても、現代の数学の教科書のように最初から順番に読まなければ先へ進めないようにはなっていない。冒頭で、数やものの長さ、広さ、重さの数え方、九九とそろばんの使い方を教えた後は、実用的な問題とその解き方がひたすら続く。商人なら米や布の売買に関する問題、そして両替や利息の計算問題。土木工事を担当する武士なら面積や体積の計算問題、そして測量問題。高等数学を研究する人なら開平法《かいへいほう》（平方根を求める方法）、開立法《かいりゅうほう》（立方根を求める方法）といった具合だ。さらに、今でも知られているねずみ算や油分けの法、継子立《ままこだて》といった遊び心のある問題も含まれている。

どこから読み始めてもかまわない。自分の仕事に関係があるところだけ勉強すれば、すぐに役に立つ。合間に遊戯《ゆうぎ》的な問題も楽しめる。わかりやすい挿絵もたくさん盛り込まれている。

理論重視の数学者では、なかなかこのような本は書けまい。実務志向の強い技術者だったからこそ、光由は『塵劫記』のようなベストセラーを生み出せたのだろう。

数学の学習過程

実用的でありかつ楽しい『塵劫記』だが、数学の知識がなければ書けるものではない。吉田光由は、どうやって数学を学んだのだろうか。実は、光由の育った時代は、その数学の学習そのものが始まったばかり、和算の歴史でいえば、まさに黎明期だった。

日本は古くから朝鮮を通して中国文化を取り入れていた。最も古い数学の伝来の記録は『日本書紀』の中に、欽明天皇十五年（五五四）のときに百済《くだら》から暦博士《れきはかせ》が来日したとあるから、暦の計算方法として入ってきたのである。仏教の伝来とほぼ同時期だったこともあり、さまざまな専門書が輸入され、九九や算木《さんぎ》を用いた計算方法も入ってきた。が、その後千年余り、日本における数学の発達は、ほとんど見るべきものがない。

吉田光由が生まれた慶長三年（一五九八）は、文禄・慶長の役すなわち豊臣秀吉による朝鮮侵略が終わった年である。このとき多くの数学書が日本にもたらされたのが、皮肉にも数学の第二の伝来となった。

光由の嗣子・光玄が記録したとされる『角倉源流系図稿』によれば、光由の最初の数学の師は毛利重能《しげよし》である。

重能は、生没年は不詳だが、もともとは戦国時代の武将池田輝政《てるまさ》の家臣で、故あって国を去ってからは京都二条京極あたりで「天下一割算指南之額」を出してそろばんを教えたとされている。そろばんの渡来は意外と遅く、室町時代末期といわれているから、重能はこの新しい計算道具の使い方を広めることに大きな貢献をした。入門する者は数え切れないほどで、光由もその一人だったことになる。

重能には、豊臣秀吉の家臣になって明へ留学したという説があるが、『塵劫記』が出る五年前に重能が書いた『割算書』の内容は、数学者によれば、奈良平安朝時代に伝わってきた数学の知識がベースになっていて、留学説は疑わしいとのことである。『割算書』は、分量的に『塵劫記』の三分の一にも満たない本で、光由はかなり早い時期に重能レベルの数学は卒業していたようだ。前述の『角倉源流系図稿』にも、光由は師の重能を追い越して、互いに教え合う関係になっていたことが書かれている。

続いて、角倉素庵から明の程大位《ていだいい》が出版した『算法統宗』を学んだとされている。これは中国の大ベストセラーであり、『塵劫記』の手本となった本である。明朝は、宋末から元初に確立された天元術《てんげんじゅつ》（方程式を立てて未知数を求める方法）が忘れ去られるなど、高等数学が衰退した時代である。そのような中にあって、民間数学者の程大位は、各地をまわって数学を研究し、六十歳のときに『算法統宗』を著した。田畑の面積計算、土石量などの土木計算、利息や税金の計算など、生活に密着した問題が多く扱われ、官吏の実務にも役立つ内容であった。しかも、難法歌といって、問題と解法がふしに合わせて歌えるように記述されていた。難法歌自体は『算法統宗』以前にもあった形式だが、語呂《ごろ》がよくて暗記しやすいので好評だった。『塵劫記』ほど挿絵は多くないが、その後も版を重ね、百年以上後の清朝になっても復刻版が出るなど、類似書は数十種にのぼっていたという。

なお、光由は、素庵だけでなく了以からも数学を習っていた形跡がある。たとえば、佐藤蔵太郎の『西国東郡誌』（大正三年刊）には、「光由は角倉了以の門弟にして、角倉は其宗家《そうけ》なり」と明記してある。また、『群馬県史　資料編十六巻　近世（八）』（昭和六十三年刊）の中の「慶応三年二月吉田流算術開平法口伝」に、吉田流算術元祖は京東山住吉田三好（三好は光好の間違いであり、了以のこと）で、元和三年（一六一七）三月十日、門人吉田七兵衛（七兵衛は光由の通称）へ伝授されたとある。了以は三年前に亡くなっているので、了以の興した吉田流算術は、素庵を介して光由へ伝授されたと考えられる。

海賊版が生んだ遺題継承

『塵劫記』がベストセラーになると、たちまち海賊版が出てきた。光由は対抗するために、次々と改版を重ねた。

遊戯的な問題を追加したのも、海賊版との差別化のためである。寛永八年（一六三一）版の『塵劫記』は、二色刷りだった。色刷りは世界初の試みといわれるが、素庵の嵯峨本で培《つちか》った印刷技術の成果であろう。しかし、この二色刷りもすぐに真似られた。

考え抜いた光由は、巻末に答えのない問題をつけた。寛永十八年（一六四一）の『新編塵劫記』である。良い問題を作ることは、実力がなければ難しいから、いい加減な海賊版は作れない。また、光由がつけた問題が解けない先生は先生に値しないこともすぐばれる仕掛けだった。

著作権保護のなかった時代である。単に真似されることを嫌ったのではなく、内容に間違いのある海賊版が出て光由の著作と思われたり、実力のない者が海賊版を使って教えたりすることに、光由は耐えられなかったのだ。

ところが『新編塵劫記』は、光由の予想をこえる現象をひきおこした。多くの数学者がこの問題に挑戦し、解答が出るとそれを本にし、また自らも懸命に考えて問題をつけるという習慣が繰り返されるようになったのである。これを「遺題継承《いだいけいしょう》」という。

この遺題継承は、その後百七十年間も続き、結果的に、日本の数学レベルを大きく向上させることになった。

また、海賊版を含めた一連の『塵劫記』シリーズから数学にのめり込んだ人々は、貪欲に中国や朝鮮の数学書を漁《あさ》った。そして彼らは、『塵劫記』のルーツである『算法統宗』や、それよりもっと古い、元の朱世傑《しゅせいけつ》の『算学啓蒙《さんがくけいもう》』や、南宋の楊輝《ようき》が著した『楊輝算法』に出会うことになる。そこには天元術や算木・算盤《さんばん》を用いた計算法があり、より高度な数学を含んでいた。そんな数学の世界に魅了された一人が、のちに算聖《さんせい》と呼ばれた関孝和《せきたかかず》その人であった。『塵劫記』は、鎖国が徹底された時代にあって、和算という日本独自の数学文化を発展させる導火線になったのである。

和算家とキリシタン

毛利重能の『割算書』の序文には、面白い記述がある。

「夫《それ》割算と云《いう》は寿天屋《じゅてや》辺連《へれん》と云所に、智恵万徳を備はれる名木有。此木に百味之含霊《かんれい》の果《このみ》、一生、一切《いっさい》、人間の初《はじめ》、夫婦二人有故《あるゆえ》、是を其時二に割初より此方《このかた》、割算と云事有」

寿天屋をユダヤ、辺連をベツレヘムと読めば、そこはイエス・キリストの誕生の地である。続けて、知恵の木の実と、最初の人間の男女が出てくるので、旧約聖書のアダムとイブの話を連想してしまう。前述したように、重能の経歴は今ひとつはっきりしない。しかしこの序文は、重能が宣教師と接触した証拠ではないだろうか。

また、『割算書』が出版されたのと同じ年に、百川治兵衛《ももかわじへえ》という数学者が、土木や検地のための面積、木材や枡《ます》などの体積の計算方法を記した『諸勘分物《しょかんぶもの》』という巻物を出している。

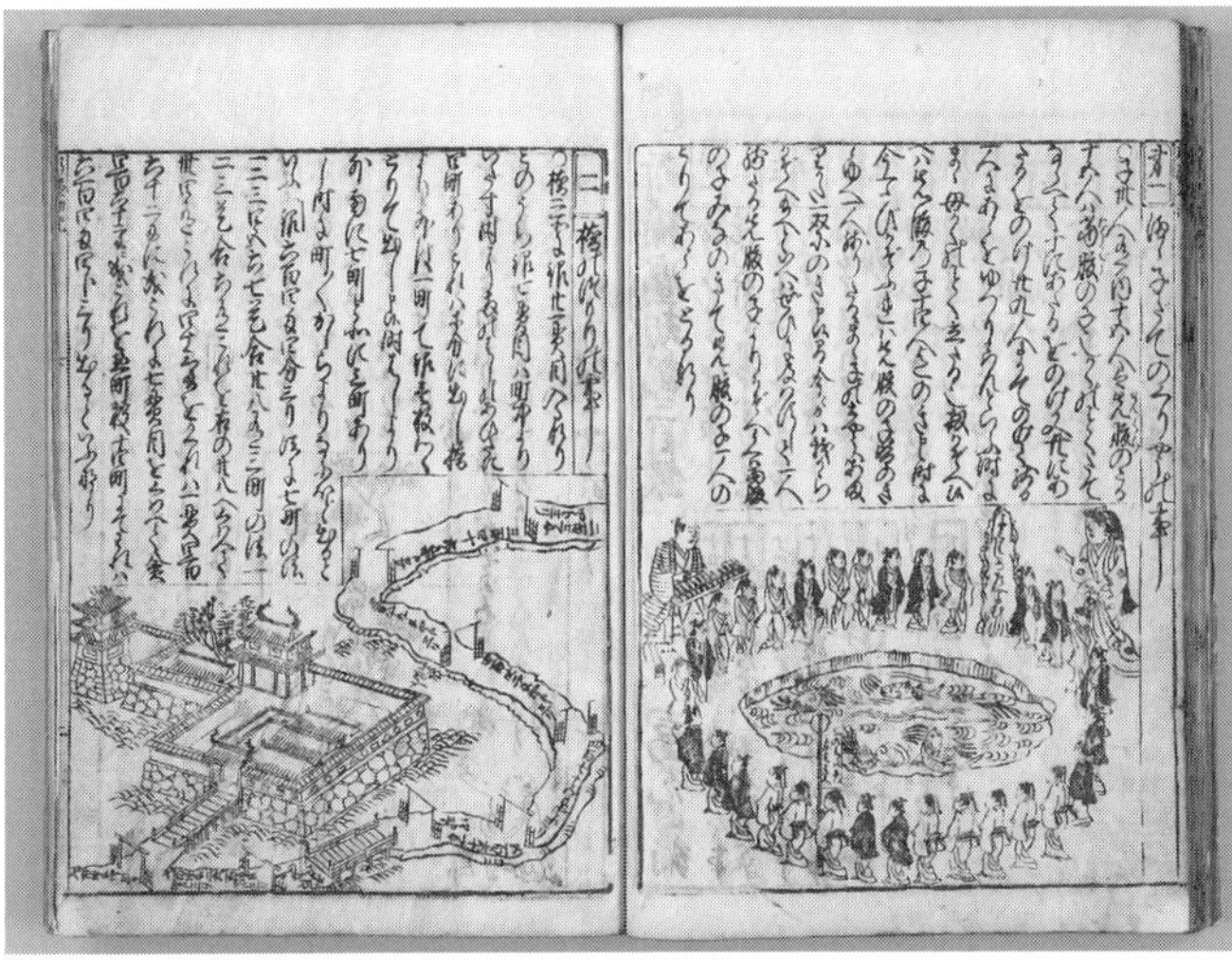

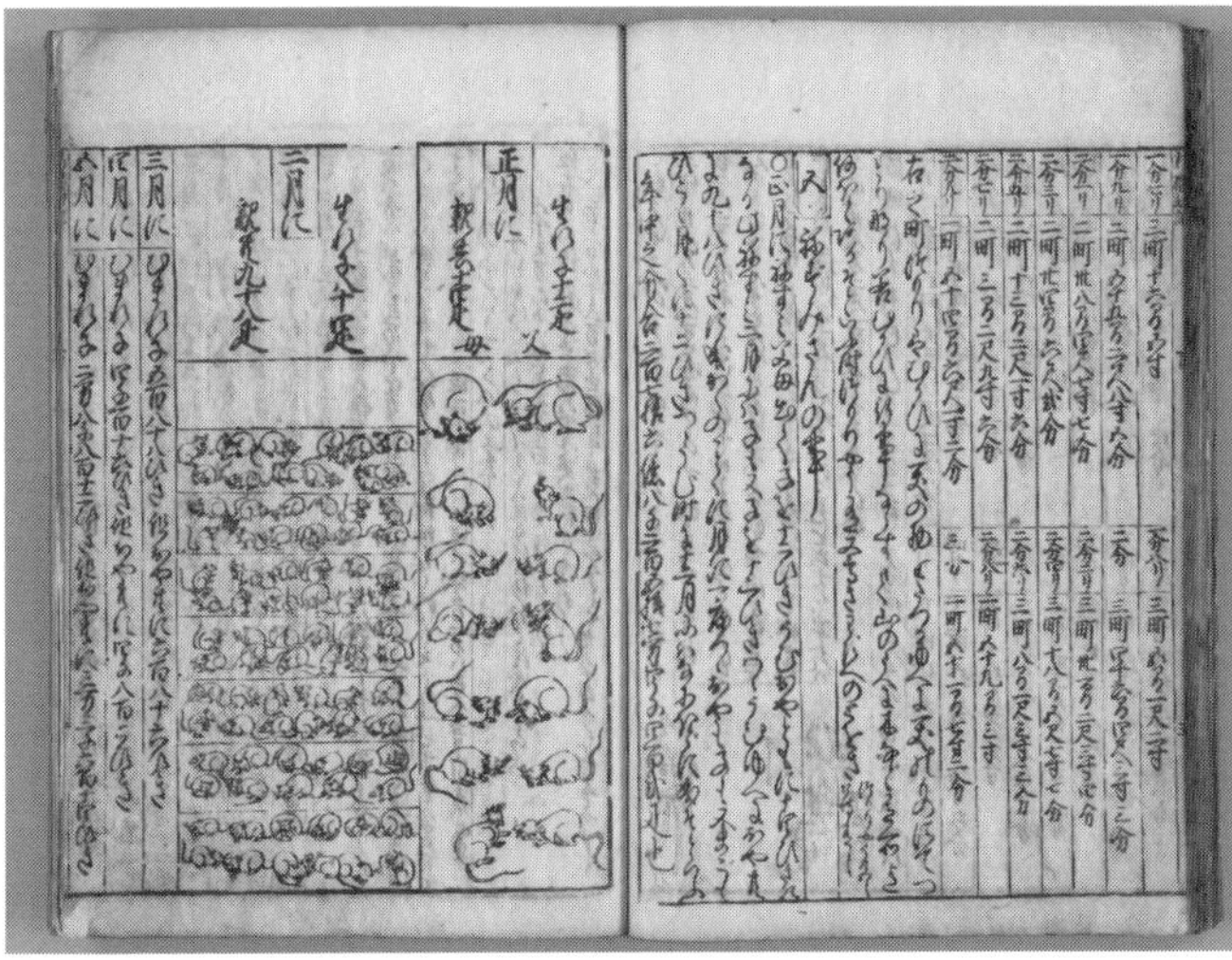

『新編塵劫記』の内容（国立国会図書館蔵）

『百川治兵衛和算書稿本』の中には、「右拾壱天界は円輪金玉也。はらいてんは外輪、いるへんは中の輪也」という一文があるが、はらいてんをポルトガル語の paraiso（天国）、いるへんを同じく inferno（地獄）とする研究報告がある。また、『佐渡年代記』には、治兵衛は越中国《えっちゅうのくに》（今の富山県）からやってきた数学者で、寛永十五年（一六三八）にキリシタンの疑いで牢屋に入れられたが、弟子たちの証言により放免されたと記録されている。どうやら治兵衛にはキリシタンと疑われるだけの言動があったようだ。

龍谷《りゅうこく》大学所蔵の『算用記』は、著者は不明だが『割算書』より少し前の本と推測され、現存する最古の和算書と言われている。この本で注目すべきは、木製の活字が使用されていることだ。同じ時期に京都で印刷された『こんてむつす・むん地』（日本語版のキリスト教修徳書）というキリシタン版も木製活字が使われている。『算用記』もキリシタンとの縁が感じられる。

そもそもなぜこの時期に急に和算書が登場し始めたのだろうか。一般に要因とされているのは、十六世紀の終わり頃のそろばんの伝来であるが、もう一つのきっかけとして研究者から指摘されているのが、宣教師の渡来である。

宣教師たちは、布教活動の一環として、音楽や絵画といった芸術、数学や天文学、印刷術といった科学技術をもたらした。中でも、イタリア人宣教師、カルロ・スピノラは数学に優れていた。ローマのコレジオ・ロマーノでクリストファー・クラヴィウスから数学を学んでいたからである。

スピノラは、慶長九年（一六〇四）から十六年まで京都に滞在し、天主堂で数学を教えた。元来日本人は好奇心が旺盛で勉強家である。外国人に対しても、警戒心が薄く寛容である。スピノラの教え子の中に、毛利重能や百川治兵衛がいたことは、十分考えられる。スピノラが京都にいたのは、吉田光由が七歳から十四歳のときである。光由が重能とともに天主堂に通っていた可能性も否定できない。

疑いを晴らそうとした光由？

スピノラが京都を去った翌年、幕府は正式に禁教令を発し、京都の天主堂は破壊された。さらに、宣教師やキリシタン大名の高山右近《うこん》らは国外へ追放され、潜伏しているキリシタンに対する弾圧も厳しさを増していった。全国各地で、信者らが拷問されたり処刑されたりした。

スピノラも、元和四年（一六一八）に長崎で捕らえられ、同八年に西坂で殉教した。火あぶりだった。その年、『割算書』が刊行され、『諸勘分物』が書かれている。しかし、毛利重能自身の消息は分からず、百川治兵衛は京都を出、越中へ行き、さらに佐渡へ渡っている。身の危険を感じての逃避行だったのかもしれない。

吉田光由が『塵劫記』を刊行したのは、そのような時代であった。

寛永四年（一六二七）版の『塵劫記』の序文は、天竜寺の僧侶・舜岳《しゅんがく》玄光による。その中で、書名の由来を「之を目て塵劫記と曰《い》う。蓋《けだ》し、塵劫来事、絲毫《しごう》も隔《へだ》てずの句に本《もと》づく」と書いている。時代をこえて真理は変わらないという文句に基づくと説明している。ところが、その文句を含む仏典はまだ発見されていないという。

いずれにせよ、序文を僧侶に書いてもらい、本の中身には、キリスト教の影響はもちろんのこと、西洋数学の片鱗すら見せない。おそらく光由は、自らにキリシタンの疑いがかけられぬよう、慎重に準備を進めたのではないだろうか。

そして、この『塵劫記』は大評判となり、海賊版に対抗するため改版を重ねることになったのは、前に書いたとおりである。

その寛永八年版の跋文《ばつぶん》の中で、光由は「我稀《まれ》に或師につきて、汝思《じょし》(程大位のこと)の書(『算法統宗』のこと)を受けて、是を服飾《ふくしょく》とし領袖《りょうしゅう》として、其一二を得たり」と書いているが、この中の「或師」という表現が研究者の間で問題となっている。普通に考えれば、これは素庵を意味しているのだろうが、あえて「我稀に或師」とぼかしているのは、スピノラから『算法統宗』の教えを受けたことを暗示しているのではないか、というのである。これは現在も決着を見ていない、興味深い議論である。

はからずも『塵劫記』の大ヒットで有名になってしまった光由に、肥後国《ひごのくに》熊本の前藩主細川忠興《ただおき》から、数学の師範としての招聘《しょうへい》があった。

忠興の夫人と言えば、明智光秀《あけちみつひで》の娘、細川ガラシャである。夫人が洗礼を受けたときは激怒した忠興だったが、ガラシャが関ヶ原の戦いに際し、人質にされるのを嫌って家来の手で命を絶ったときは、宣教師オルガンティーノに頼んで教会葬をしてもらっている。

当時、光由は三十八歳。灰屋一族からもらった妻との間には、既に五人の子があったが、忠興の招きに応じることを決めた。寛永十二年（一六三五）、光由は、慣れ親しんだ京都を離れ、単身熊本へ旅立った。

あくまでも仮定の話であるが、もし光由が本当にスピノラから数学の手ほどきを受けていたなら、そのことでキリシタンの疑いをかけられる恐れは大きい。愛する家族のためにもその危険は回避したかったはずだ。洗礼を受けたガラシャを愛し続けた忠興なら、いざというとき身を守ってくれるかもしれない。遠い九州へ行くことは、光由にとって、身を隠してほとぼりを冷ます、絶好の機会だったのではないか。

熊本では、忠興とガラシャとの間にできた三男忠利《ただとし》が藩主になっていた。ところが、六年後の寛永十八年（一六四一）、その忠利が、父に先立って五十六歳で亡くなってしまった。忠興も七十九歳と高齢で、この先長くは頼りにできない。四十四歳の光由は、再び京都へ帰ることにした。

光由の墓が語るもの

キリシタンへの迫害は、依然として続いていた。

それでも帰京してまもなく、初めて遺題十二問をつけた『新編塵劫記』を光由が出版したのは、熊本に滞在している間に、続々と出版される『塵劫記』の海賊版に苦虫をかみつぶしていたからかもしれない。

慶安《けいあん》元年（一六四八）、光由は『古暦《これき》』を訂正して、『古暦便覧』二巻を出版した。内容は、元和四年（一六一八）から寛永元年（一六二四）までの暦である。この中で光由は、久菴《きゅうあん》という号を使っている。『角倉源流系図稿』によると、光由は入道《にゅうどう》して久菴と号したという。つまり仏教徒であることを強調しているのだ。

そして、この『古暦便覧』以降、光由が著書を刊行することはなかった。『増六十歳古暦便覧大全』という本の序文に、「(久菴は）惜しいかな筆を万治《まんじ》己亥《つちのとい》に絶つ」と書いてある。万治己亥は万治二年（一六五九）である。キリシタンの取調べが一段と厳しくなった年である。

本を出版すればするほど世間の注目を浴びる。科学技術に関する内容であれば、キリシタンの疑いがかけられる。たとえ噂でも、若い頃にスピノラから教えを受けたと当局に伝われば、疑惑はさらに深まるだろう。多くの権力筋に人脈があっても、安心はできない。万が一のことがあれば、吉田・角倉一族はもちろん、妻の出身である灰屋一族にも迷惑がかかる。

そんな思いから、光由は筆を折ったのではないだろうか。

晩年、光由は眼病のために光を失った。光由は跡継ぎの光玄に田中姓を名乗らせ、自身は、素庵の孫、角倉玄通の厄介になった。もしかすると、妻も離縁していたかもしれない。

隠居してから亡くなるまでの十四年間、光由は嵯峨の竹林の奥にひっそりと息をひそめるように暮らした。

寛文十二年（一六七二）十一月二十一日、光由は亡くなった。享年七十五だった。

京都二尊院《にそんいん》には、吉田・角倉一族の繁栄を伝える立派な墓所があるが、不思議なことに、その中に光由の墓石は見当たらない。了以・素庵父子も眠る一族の墓所に、菖蒲谷隧道の工事を見事にやり遂げ、和算隆盛の導火線ともいうべき『塵劫記』を著した光由の墓がないのである。やはり光由には、キリシタンの疑いがかけられていたのであろうか。

ところが、意外なところから、光由のものとされる墓石が見つかった。光由には渡辺藤兵衛という弟子がいたが、その藤兵衛が光由の位牌を持って、現在の大分県豊後高田市（元は西国《にしくに》東郡《さきぐん》香々《かが》地町《じちょう》）夷《えびす》に辿り着き、光由の墓を作ったというのである。墓石は無銘であるが、位牌は残っていて、

寛文十二子十一月廿一日

顕機円哲居士

山城国嵯峨住吉田七兵衛光由算術之師範也

とある。

一族の墓所に墓石を残せなかった本当の理由を知っていた藤兵衛が、あえて世間の人々からは容易に見つからない場所に、師の墓碑を建てたのではないだろうか。

第二章　渋川春海（一六三九～一七一五）――改暦に挑んだ秀才の執念

なかった。

幕府お抱えの碁打ち、将棋指し

徳川家康による天下統一以前、戦国時代の武将たちは、決して野蛮なファイターばかりではなかった。

織田信長や武田信玄が出てくる小説や映画の中で、有名な武将たちが、意外にも、和歌を読み、漢詩を賦《ふ》し、能を舞い、謡曲《ようきょく》を謡《うた》っていることがある。領国経営には武力だけでなく、学問、教養も必要だったのである。

合戦における戦略や戦術を立てる修練と重なるかもしれないが、碁や将棋を好む武将も多くいた。彼らは名人と呼ばれる碁打ちや将棋指しと親しく付き合い、そばにも置いた。

徳川家康が征夷大将軍に任命されて江戸幕府が発足し、諸制度が整えられていった。それまで身分がはっきりしていなかった碁打ち、将棋指しに対して、初めて幕府から扶持《ふち》（俸禄《ほうろく》）が支給されたのは、慶長《けいちょう》十七年（一六一二）といわれる。

遊芸を専門とする、プロの碁師《ごし》、棋士《きし》である彼らは、もちろん武士ではない。士農工商の身分制度の中では、一種の御用達《ごようたし》町人のような身分で、姿格好は頭を丸めて僧侶のようだった。それが、一代限りではあったが、幕府から公式に扶持をもらったのである。自分たちのアイデンティティが保証される画期的な出来事だった。

このとき扶持をもらった八人の碁打ち、将棋指しの中に、碁師の初代安井算哲《さんてつ》がいた。渋川春海《はるみ》の父である。算哲は、幼いころから囲碁が得意で、関ヶ原の戦いがあった慶長五年（一六〇〇）、十一歳のとき徳川家康に召し出された。十九歳のとき剃髪《ていはつ》して算哲と号した。

京都に住んでいた彼らは、毎年三月ころ江戸へ下ってきて、四月に将軍に御目見えし、十一月ころ御城碁《おしろご》、御城将棋《おしろしょうぎ》といって、将軍や老中、若年寄らの見ているところで模範試合を披露し、それが終わるとまた京都へ帰っていった。

彼らは、自分たちの身分を確保するため、ことあるごとに上へのお伺いを立てた。たとえば、後継者の届出と俸禄の継承の申請が、まさにそれである。やがて、寺社奉行の管轄下におかれ、幕府は彼らに土地を与え、江戸に定住することを命じた。

こうして、碁所《ごどころ》とよばれた本因坊、林、井上、安井の四家、将棋所《しょうぎどころ》とよばれた大橋本家、大橋分家、伊藤の三家は、名人位や世襲《せしゅうせい》制を守りながら、幕末まで継承された。世襲制とは言っても、実力がものを言う勝負師の世界である。実子がいても才能の際立っている弟子がいれば、それを養子にして後継者にした。

扶持だけでは贅沢な暮らしはできなかったので、大名や旗本たちの指南をして段位の免状を与えたり、また拝領して空いている土地を貸したりして生活費を補った。

幕府の首脳陣が観戦する江戸城内での対局を最高の権威付けに利用し、プロの碁師、棋士として誇り高く生きようとした。

渋川春海の誕生

渋川春海は、寛永《かんえい》十六年（一六三九）閏《うるう》十一月三日、初代安井算哲の長男として、京都四条室町松原の屋敷で生まれた。幼名は六蔵という。父が五十歳のときの子だった。

そのとき安井家では、藤中氏から、二十三歳の養子算知《さんち》を迎えたばかりだった。算知は初代算哲の弟子で、名人が狙える才能の持ち主だった。

安井家の先祖は清和源氏《せいわげんじ》の畠山氏に発し、満安が河内国《かわちのくに》渋川郡を領したことから渋川姓を名乗り、その孫の光重が播磨国《はりまのくに》安井郷を領してからは安井を名乗っていた。

春海という名は、『伊勢物語』にある、

雁鳴きて　菊の花咲く　秋はあれど
春の海べに　すみよしの浜

という歌からとったものだという。

春海は幼い頃から利発《りはつ》で向学心が旺盛だった。特に神道に関しては、江戸に定住する以前から、生涯を通じてその姿勢は変わらなかった。京都の山崎闇斎《あんさい》について垂下神道《すいかしんとう》を、また陰陽頭《おんみょうのかみ》土御門泰福《つちみかどやすとみ》について土御門神道を、他に中納言正親町公通《ちゅうなごんおおぎまちきんみち》、伊勢の神主荒木田経晃《つねてる》、さらに忌部《いんべ》、卜部《うらべ》、吉川《よしかわ》からも学んで神道の奥義を究めようとした。このことは、当時神道を志していた水戸光圀《みつくに》、保科正之《ほしなまさゆき》の知遇《ちぐう》を得、のちに改暦に際して強力な支援を得るきっかけになった。

春海は、天文暦学についても、若いころに、京都の隠者松田順承《じゅんしょう》から宣明暦《せんみょうれき》を、同じく京都の医師岡野井玄貞《げんてい》から授時暦《じゅじれき》を学んでいる。京都は和算発祥の地だが、天文暦学もここから発展した。春海は、江戸で暮らすようになってからも、松田と共著を刊行している。また、江戸で数学塾を開いていた池田昌意《まさおき》からも、春海は暦理論を学んでいたとされるが、これは疑わしいようである。

名人になれなかった春海

春海が初めて江戸へ下向《げこう》し、碁師として江戸城にのぼったのは、慶安四年（一六五一）四月、十三歳のときである。将軍家綱の前で囲碁の手並みも披露した。その翌年の五月九日に父が亡くなったため、春海は、二世安井算哲となった。

しかし、実質的に安井家の家督を継いだのは、三十六歳になっていた、養子の算知だった。初代算哲が亡くなる前から、算知の棋力《きりょく》は碁師の間でも際立っており、さすがに十四歳の春海では遠く及ばなかった。

当時空位になっていた名人位をめぐって、算知が本因坊算悦《さんえつ》と打った六番碁は、日本最初の争碁《あらそいご》として有名である。正保二年（一六四五）から承応二年（一六五三）にかけておこなわれた勝負の結果は、三勝三敗となり決着がつかなかった。

結局、算知が名人碁所になったのは、ライバルの算悦が亡くなった後の寛文八年（一六六八）のことであった。算知は五十二歳、春海は三十歳になっていた。

もっとも、算知の名人碁所就任は、幕府の実力者・保科正之に働きかけた結果の政治力によるもので、本因坊家としては承服できなかった。算悦を継いだ三十三歳の道悦《どうえつ》は、すぐに算知に勝負を挑んだ。二十番争碁の始まりである。

算知と道悦の勝負は、算知が還暦を迎える前年の延宝三年（一六七五）まで七年間にわたって続けられたが、予想に反して道悦が算知を圧倒する展開となった。結局、道悦の十二勝四敗一持碁《じご》（引き分け）で打ち止めとなり、翌年、算知は潔く名人碁所を返上して隠居した。

実は、その時点で春海は、この道悦と五番打って二勝二敗一持碁と互角の戦績を残していた。こうなると、次は道悦と春海の間で名人碁所を争う展開になりそうである。しかし実際は、そうならなかった。

一年後、道悦はまだ四十二歳だったが、家督を三十三歳の弟子の道策《どうさく》に譲ると同時に、道策を名人碁所に推挙したのである。

これには異議を唱える者がなかった。なぜなら、ここまでに道策は、圧倒的な実力を見せつけていたからである。のちに道策は、定石《じょうせき》の理論を導入し、段位制を確立するなど、「実力十三段」、「近代囲碁の祖」あるいは「碁聖《ごせい》」と称されたほどの碁師である。そもそも道悦が算知に勝ち越したのも、道策が算知を研究し、道悦に妙手を伝授したからだと言われている。

春海ですら、六歳下の道策には、これまで御城碁で九回対戦し、八敗（一回は勝敗が不明）も喫していたのである。

中でも寛文十年（一六七〇）十月十七日の勝負は、「天元《てんげん》の一局」として有名である。春海は碁盤を宇宙になぞらえてその中央を天元と名付けていた。春海は、有利な先番《せんばん》で、初手をその天元に打ち、「これで負けたら、二度と天元には打たない」と高らかに宣言したのだが、結果は無残な九目の負けであった。

道策が名人碁所に推挙された延宝五年から、春海は姓の記述を安井から保井に変えている。道策にまったく歯が立たない己を責め、初代安井算哲や隠居した前名人安井算知に対する遠慮からそのようにしたのだろう。

天和二年（一六八二）、春海は道策との御城碁で、またもや有利な先番で十五目の大差をつけられて惨敗し、道策との対戦成績は十一敗となってしまった。翌年の御城碁でも、春海は道策の実弟井上道砂に十三目負けと大敗する。春海の碁師人生は、事実上終止符を打たれたも同然となった。

碁師の家に生まれた以上、棋力の優劣は絶対である。幼いころから俊秀の誉れ高かった春海だけに、その絶望感はいかばかりだったろう。普通に考えれば、生きる望みを失ってもおかしくない状況である。

ところが春海は、だいぶ以前から別の大きな目標に向かって歩き始めていた。

もしかすると、御城碁で六歳下の道策に初敗北を喫した瞬間に、自らの碁師としての限界を悟り、別の生きる道を探る決心をしていたかもしれない。

春海が抱いた次なる目標は、およそ八百年ぶりの改暦という大事業である。

太陰太陽暦とは

ここからは天文暦学者としての春海の人生を振り返っていく。

しかしその前に、なぜ和算家をテーマにした本書が天文暦学者である春海を扱うのか、説明しておかなくてはならない。結論からいえば、天体観測にも、また観測結果と理論に基づく暦の計算にも、高度な数学の知識が必要不可欠であり、当時、一流の天文暦学者とみなされた人物は、すべて一流の和算家だったからだ。八百年ぶりの改暦を成し遂げた春海は、そういう意味では、超一流の和算家であった。

さて、当時の暦はいったいどのように作られていたのだろうか。

明治五年（一八七二）に太陽暦（現在のグレゴリオ暦）が採用されるまで、日本のカレンダーは天動説に基づく太陰太陽暦《たいいんたいようれき》だった。

春海の時代、日本にはまだ地動説は伝わっていなかった。日本で地動説が広まったのは約百年後、安永三年（一七七四）にオランダ通詞《つうじ》の本木良永《もときよしなが》が著した訳術書『天地二球用法』が刊行されてからである。

太陰太陽暦は、ひと月を太陰すなわち月の満ち欠けで決定し、一年は太陽の動き（四季のめぐり）で決定するカレンダーである。

毎月一日（朔日）は月が細く（新月《しんげつ》）、十五日は満月（望月《もちづき》）である。この周期を朔望月《さくぼうげつ》といい、約二九・五三〇六日なので、大《だい》の月（三十日）と小《しょう》の月（二十九日）があった。

一方、一年は地球が太陽の周りを公転する周期で太陽年という。当時は地球を中心に考えていたので、太陽の高度が一巡する周期である。約三六五・二四二二日なので、朔望月で割ると、十二ヶ月と余りが〇・四ヶ月ほど出てしまう。これを調整するのが閏月《うるうづき》である。

「十九年七閏の法」といい、十九年間に七回閏月のある年（つまり一年が十三ヶ月）を用意すれば、十九太陽年の六九三九・六〇一八日と、二百三十五朔望月の六九三九・六九一〇日が近いので、かなり正確なカレンダーができることになる。

太陰太陽暦では、今日が何月何日かということと、立春とか、秋分、冬至といった二十四節気《にじゅうしせっき》がセットで決められている。途中に閏月が入ったりするので、月日だけでは季節が分からないことが多いからだ。四季と密接な関係がある二十四節気は、農耕社会において、農作業を行なう目安として重要だった。もし二十四節気の配置をでたらめにしたら、天候不順がなくても、その年の収穫は期待通りには望めないだろう。

言うまでもなく、冬至は一年で最も昼の時間が短く、春分は昼と夜の時間が等しい日である。立春は、黄道《こうどう》（太陽の軌道）座標上の経度である黄経《こうけい》が三一五度で、冬至と春分の中間にあたる。立春というと、何となく非科学的に聞こえるかもしれないが、実は、地球と太陽の位置関係から厳密に計算されて決まっているのである。

当時の天文暦学者らが計算したのは、地球を中心とする天球上の月や太陽の位置（たとえば方位と高度、専門的には赤経《せっけい》・赤緯《せきい》）と時刻（たとえばある時刻からの経過時間）だった。完全な円軌道でもないし、等速運動でもなかったので、単純な方程式では表現できない。位置にせよ時刻にせよ、それらを求める方程式は、たとえば一次方程式よりも二次方程式、二次方程式よりも三次方程式の方が正確になるだろう。話を単純化するために、かなり正確な位置や時刻をそれぞれ計算できる、優れたn次方程式が存在するとしよう（実際は三角関数が必要だが）。

優れたn次方程式（$ax^n+bx^{n-1}+cx^{n-2}+\cdots\cdots=0$）を求めるためには、その係数（a, b, c, ……）を決定しなければならない。それは、天文常数と呼ばれる数値を、天体観測によって正確に求めることと同値である。

太陽年や朔望月の長さも天文常数である。他に、白道《はくどう》（月の軌道）上の近地点《きんちてん》（地球に最も接近する点）から次の近地点までの周期である近点月《きんてんげつ》、白道と黄道が交わる点から次の交点までの周期である交点月《こうてんげつ》などがある（実際は、これらの天文常数も、年とともに変化するから厄介だ）。

天体観測にも、優れた方程式の決定や計算にも数学は必要だった。天文暦学を志すためには、数学は必須の学問だった。

そして暦法とは、いくつかの方程式の組み合わせである。春海の時代の暦法は、貞観《じょうがん》四年（八六二）に唐から輸入した宣明暦《せんみょうれき》というもので、京都朝廷の陰陽寮《おんようりょう》の管轄の下、およそ八百年もの間ずっと使い続けていたのである。

改暦の失敗

春海の天文暦学の特徴は、実地天文学にあったといえる。新たに理論を確立するのではなく、中国から伝わってきた理論を、実際に天体観測をすることによって確かめ、誤りがあれば正していく方法である。

万治《まんじ》二年（一六五九）、二十一歳のとき、春海は山陰、山陽、四国を訪れて、各地の緯度測定を行ったとされている。当時の緯度は、北極星の地平線からの高度で、北極出地之度数《ほっきょくしゅっち》あるいは単純に北極出地と呼んでいた。

また春海は、表《ひょう》を立てて日影を測り、冬至となる日時つまり冬至点を求めたという。表というのは別名圭表《けいひょう》（西洋ではノーモン）のことで、太陽が南中（子午線を通過）したときの日影の長さを測る道具である。春海は、銅製で高さ八寸の、小型の圭表を用いた。

太陰太陽暦では、太陽年を冬至点から冬至点までの時間で決めていた。その冬至点を決定するためには、冬至点前後いくつかの日影の長さを圭表で測定し、計算により求める。これは、祖沖之《そちゅうし》の方法と呼ばれていた。

さらに春海は、渾天儀《こんてんぎ》や天球儀、地球儀も製作した。春海の作った渾天儀は日光東照宮に、天球儀、地球儀は国立科学博物館や伊勢神宮徴古館《ちょうこかん》に残っている。

前述したように、たとえば天文常数である太陽年を何日にするかで、暦法の精度は決まってしまう。

唐の徐昂《じょこう》が作った宣明暦では、太陽年は三六五・二四四六日だった。正確な太陽年との差は、プラス〇・〇〇二四日である。この宣明暦が、およそ八百年間使われていたため、その差はほぼプラス二日（つまり二日の遅れ）になっていたのである。

春海は、圭表による観測結果から宣明暦が二日遅れていることや、元の郭守敬《かくしゅけい》が作った授時暦では、太陽年が三六五・二四二五日で、ずっと正確であることを確かめていた。

屈辱の「天元の一局」から三年後にあたる寛文十三年（一六七三）六月、春海は満を持して改暦の上表をした。『欽請改暦表（欽《つつ》しんで改暦を請うの表）』を朝廷に献上したのである。前年の十二月十八日に、改暦に関心の高かった保科正之が亡くなっていたが、正之は時の老中に「春海に改暦をやらせること」と遺言していたから、これは幕府の公式提案でもあった。

内容は、唐から輸入した宣明暦が実際の天体現象に対して二日遅れていることを示した上で、

渋川春海が製作した地球儀（左）と天球儀（右）（伊勢神宮徴古館蔵）

その後三年分の日月食を、宣明暦、元の授時暦、明の大統暦《だいとうれき》で計算して比較した『蝕考』を添えてあった。

　大統暦は明の時代（一三六八―一六四四）の暦法である。学問的には大統暦は授時暦から消長法《しょうちょうほう》（天文常数が時とともに変化するとして暦計算に入れる方法）を省略しただけで計算結果はほぼ同じだった。ここで春海が大統暦を持ち出したのは、明の支配を受けていた朝鮮からの通信使が大統暦を使用していたからだろう。互いの暦日が相違していれば、外交においては当然不都合なことが多い。

　いずれにせよ春海は、あえて三つの暦法を並べ、授時暦が優れていることを示そうとした。何度も何度も精度を確かめた授時暦が採用されることに、春海は絶対の自信があったのである。

　ところが、延宝《えんぽう》三年（一六七五）五月の二分半の日食は、宣明暦は予測できたのに、授時暦や大統暦では予測できなかったのである。春海にはその原因が分からなかった。幕府の最高権力者、大老酒井忠清にまで「春海のいうことも合うこともあれば合わないこともあるな」といわれる始末だった。

「里差」に着眼

自信をもって臨んだ改暦の上表の失敗に、春海は少なからぬ衝撃を受けたはずだ。しかし、既に碁師としての限界を感じていた春海には、改暦を成し遂げる以外に自らの生きる道は考えられなかった。

延宝五年（一六七七）には、神武天皇以来の二千年をこえる暦本『日本長暦』の草案を作成した。毎月朔日の干支《えと》、月の大小、閏月の有無などを計算して整理したのである。また、以前にも増して、天体観測に力を入れた。麻布の自宅で、冬至点だけでなく、春分点、秋分点も測定した。そして、実際の観測結果と授時暦が、近日点《きんじつてん》（地球が太陽に最も接近する点）と冬至点では六度ずれていることも認識した。いずれも膨大な手間を要する執念の仕事であった。

さらに、中国ではなく日本で観測される星図『天文分野之図』を完成させた。この図は、春海にある着眼を与えた。

授時暦は元の首都大都《だいと》（現在の北京の位置）を基準にして作られたものである。授時暦をそのまま使えば、日本との「里差《りさ》」（経度差）は時間差となって現れる。地球儀を作ったことのある春海は、この当然のことに気が付いた。

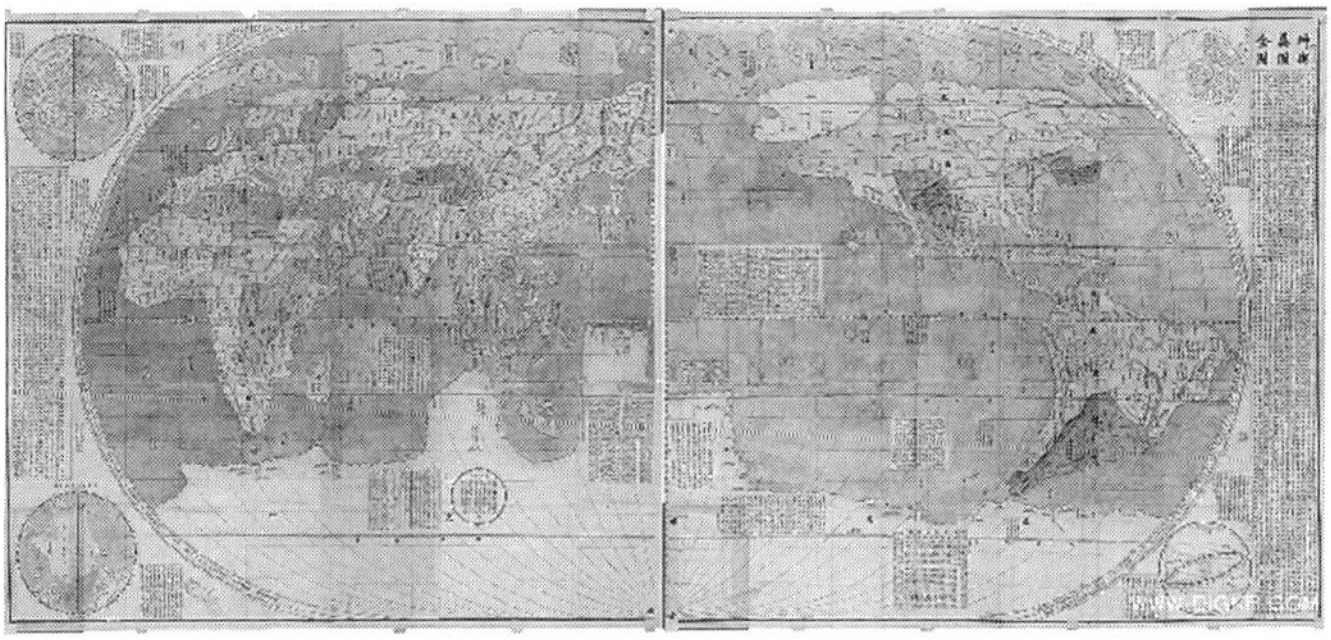

渋川春海が参照した明代の『坤輿萬國全圖』（東北大学附属図書館蔵）

こうなると、延宝三年の日食についても、授時暦が予測できなかったのではなく、中国では観測できない日食だったに違いないと春海は思った。

春海は、元の授時暦が京都での時刻に合うように、先ず「里差」を調整しなければならないと考えた。

春海が参照したのは、明の時代に出版された『坤輿萬國《こんよばんこく》全圖《ぜんず》』という世界地図だった。明の首都北京は京師《けいし》と記されており、ここが、授時暦の作られた元の時代の首都大都だった。一方、日本列島には京都らしき名称は見当たらないが、春海はおよその位置を見定めて、経度差を約二十度と決定した。

こうして、「里差」を考慮し、すべての計算をやり直し、八年の歳月をかけて完成させた日本のための暦法・大和暦《やまとれき》で、二度目の改暦の上表をする。天和三年（一六八三）十一月四日、冬至の日のことであった。

興味深いことに、この年、春海は陰陽頭に就任したばかりの土御門泰福から、土御門神道の奥秘《おうひ》を受けている。おそらく、改暦の機会を窺っていた春海は、戦略的な思惑を持って陰陽頭である泰福に近づいていたのだろう。

そんな春海の思いが通じたのか、改暦の上表をした同じ月の十六日、今度は宣明暦が間違いを犯す。頒暦《はんれき》に記載された三分半の月食が起こらなかったのである。春海の大和暦は不食としていたので、自信をもった。

改暦の機は熟した。もともと翌天和四年（一六八四）は甲子革令《かっしかくれい》にあたり、古来改元されることが多い年である（実際二月二十一日、天和から貞享《じょうきょう》に改元された）。つまり改暦をするには絶好のタイミングなのであった。

御城碁で井上道砂に大敗を喫した春海は、すぐに碁方《ごかた》のお暇乞《いとまご》いをして、十二月十六日、京都へ向かった。碁師人生との永遠の決別を覚悟した上での旅立ちだった。

春海は『請革暦表』を朝廷に献上した。その中では、「今天文に精《くわ》しきは則《すなわ》ち陰陽頭安倍泰福、千古に踰《こ》ゆ」と記し、安倍泰福（土御門泰福のこと）をしっかり持ち上げている。

日本人初の太陰太陽暦

しかし、それでも改暦は容易ではなかった。いつの時代でも、正しいものが必ず通るとは限らない。天変地異や凶作が多ければ、為政者はその原因を天文の理（天文学と結びつけた占星術）に求めていたくらいである。正確であるというだけで、改暦が実現するような時代ではなかった。

この時も、大和暦のベースになっている授時暦が、元寇《げんこう》を起こした元の暦法だからという非科学的な理由で、結局、明の大統暦が採用されることになってしまったのである。

このとき大和暦への改暦を頑なに反対した者の中に、谷一斎《いっさい》（三介とも称した）という儒学者がいた。南学を確立した、土佐の谷時中《じちゅう》の子である。山崎闇斎は時中の弟子だったが、南学から離れ垂下神道を起こすなど、南学衰退の要因を作った。闇斎の弟子である春海が提案した大和暦を、一斎が面白く思わなかったという事情があったのかもしれない。

碁師の身分を捨て不退転の決意を固めていた春海は食い下がった。大統暦が授時暦から消長法を除いたむしろ欠陥のある暦法であることを指摘した。また、陰陽頭泰福と京都で高さ八尺の大きな圭表を用いて観測し、大和暦の方が正確であることも証明した。

そして、その年の内に、春海は三度目の上表を決行する。泰福へは、改暦手当として千石にのぼる米が支給されるように取り計らうことも忘れなかった。内部工作である。

十月二十九日、ついに大和暦の採用が決まった。大和暦は貞享暦と命名され、翌年から施行されることになった。これが貞享の改暦である。中国では古来観象授時《かんしょうじゅじ》といって、臣民に暦を与えることは皇帝の権威を示すものだった。春海の成し遂げた改暦は、日本の権力の在処《ありか》が朝廷から幕府に移ったことを象徴するものでもあった。

十二月朔日、春海は幕府の初代天文方《てんもんかた》に任命された。髪を伸ばして僧形《そうぎょう》もあらためた。御用達町人のような碁師から、徳川家の家臣、武士の身分になったのである。

以後、毎年のカレンダーの計算は天文方の仕事となり、陰陽寮は暦注（天象、七曜、干支、朔望など）を施して権威付けをするだけの役割になった。頒暦をおこなう暦師を認可する権限も幕府のものとなった。地方で発行される暦の間で、月の大小や日の曜日が異なるといった問題も解消された。幕府による頒暦の統制ができたことになる。

この一大事件は、当時の流行作家二人の浄瑠璃作品の題材にも早速取り上げられた。井原西鶴の『暦』と、近松門左衛門の『賢女手習《けんじょのてならい》并《ならびに》新暦《しんごよみ》』である。暦が庶民の生活と密接な関係があった証拠であろう。

春海は、碁師として名人という頂点をきわめることはできなかったが、日本人が作った太陰太陽暦による最初の改暦という、歴史に残る快挙を成し遂げたのである。

渋川家の衰退と復活

保井を名乗っていた春海が、渋川の姓を名乗るようになったのは、晩年の元禄十五年（一七〇二）九月からである。以前にも、姓を安井から保井へ変えているが、本姓の渋川に戻ったことは、碁家からの完全な決別といえる。春海は六十四歳だった。

既に天文方として磐石《ばんじゃく》の地位を築いていた春海は、天文方渋川家の末代までの繁栄をこの時点で確信したのではなかろうか。

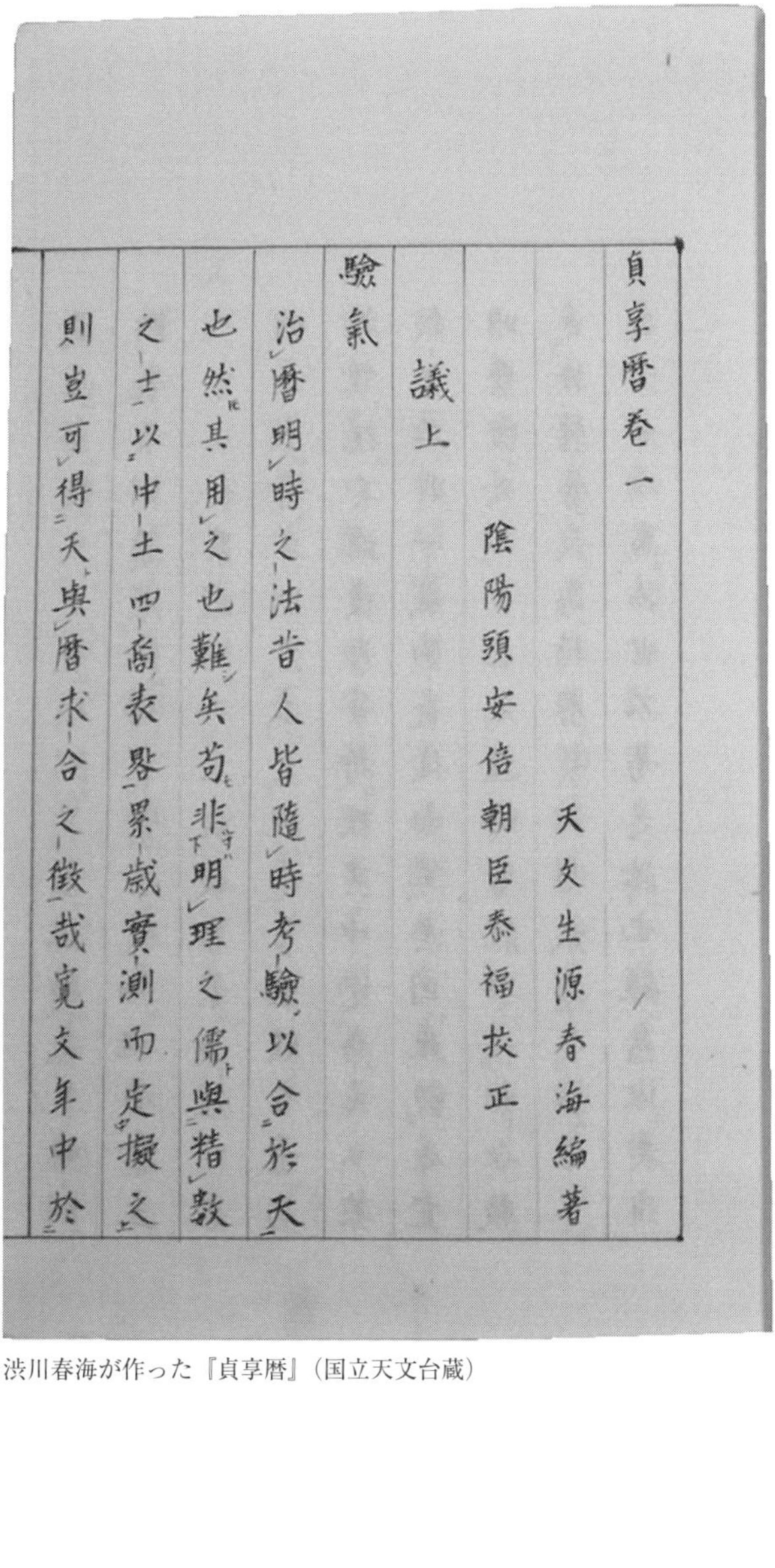
貞享暦巻一
天文生源春海編著
陰陽頭安倍朝臣泰福挍正
議上
驗氣
治暦明時之法昔人皆隨時考驗以合於天
也然其用之也難矣苟非明理之儒與精數
之士以中土四裔表晷累歳實測而定擬之
則豈可得天與暦求合之徴哉寛文年中於

渋川春海が作った『貞享暦』（国立天文台蔵）

ところが、それからの渋川家は跡取り問題で苦しむことになる。不幸の始まりは、嫡男で天文方の二代目になっていた昔尹《ひさただ》が、三十三歳の若さで死んでしまったことである。

春海は失意の中、実弟・安井知哲の子敬尹《ひろただ》を養子に迎えたが、手塩にかけて天文暦学を教え込んできた昔尹の死が堪えたのか、息子の後を追うように同じ年の十月に七十七歳の生涯を閉じる。

その後も渋川家には不幸が続く。三代目の敬尹も、跡を継いで十一年後に死んでしまう。次に、仙台藩士の子、敬也《ひろなり》が養子に迎えられるが、これも翌年死んでしまう。止むを得ず、三代目敬尹の嫡男の則休《のりよし》が、十一歳ながら五代目になるのだが、天文学と数学と天体観測技術を身につけるのは容易なことではない。

時は、八代将軍吉宗の治世である。吉宗は自ら江戸城で天体観測をするほど天文学に興味を持っていた。また、西洋の科学が進んでいることを知った吉宗は、延享《えんきょう》二年（一七四五）、貞享暦に欠陥が多かったわけではないが、西洋天文学による改暦の命令を出した。

五代目の則休は二十九歳になっていたが、天文方としては未熟だった。そこで、西洋天文学に詳しいとされる西川正休《まさやす》が天文方に採用され、則休とともに改暦の任にあたることになった。ところが、その五年後に則休も急逝《きゅうせい》してしまうのである。今度は六歳下の弟の光洪《みつひろ》が天文方に就任する。早くも渋川家の六代目であり、天文方はその後も弱体化する一方であった。

そして、その隙につけこんで、京都朝廷の陰陽寮は、貞享暦をわずかに修正しただけの宝《ほう》暦《りゃくれき》を上奏し、新暦法として採用させてしまった。これが宝暦《ほうれき》の改暦である。ちなみに改暦を主導したのは、土御門泰福の子で陰陽頭の土御門泰邦《やすくに》であった。

衰退著しい渋川家であったが、九代目の景佑《かげすけ》の時にようやくその輝きを取り戻す。

景佑は二十二歳の時に渋川正陽《まさてる》の養子になったが、実父は、寛政十年（一七九八）に寛政の改暦を成し遂げた、優秀な天文方・高橋至時《よしとき》である。

文化六年（一八〇九）七月、景佑は家督相続して天文方に就任すると、亡父至時のやり残したオランダ語で書かれた最新の西洋天文学書『ラランデ暦書』を解読するなど、同時代で最も優れた天文暦学者の一人となった。

そして、天保十五年（一八四四）、ついに景佑は、自らの手で天保の改暦を成し遂げる。天保暦は、最後の太陰太陽暦にして最高傑作といわれた。

それは、渋川春海が追い求めた、日本人による日本のための理想の太陰太陽暦の完成と言ってもよい。草葉の陰の春海も、きっと喜んだに違いない。

第三章　関孝和（一六四〇ころ〜一七〇八）——桃李もの言わざれども

素性不明の大数学者

日本独自の和算文化を、数学としても世界に通用するレベルまで押し上げた最大の功労者は、やはり関孝和《せきたかかず》だろう。

没後「算聖《さんせい》」と称えられ、その名を冠した「関流」は、和算最大の流派として、明治初期にいたるまで日本の数学発展の中心に位置していた。そして、没後三百年以上を経た今日でも、孝和の数学は世界の人々を魅了し、多くの数学者の研究対象となっている。

確かに、孝和の数学上の業績は抜きん出ている。鎖国政策が徹底されていた江戸時代に、中国の数学を出発点としながらもそこから飛躍し、独自の方法論で、部分的には同時代の西洋数学に匹敵するレベルにまで到達した。世界に先駆けて行列式やベルヌーイ数を発見するなど、膨大な研究成果を残している。

ところが、孝和の人生そのものについては不明な点が多く、まさに謎に包まれていると言ってもいいのだ。

そもそも、孝和がいつどこで生まれたかすらもはっきりしない。幕臣・内山永明《ながあきら》の次男として誕生したが、出生年は寛永十七年（一六四〇）前後と推定されているだけで、特定されるにいたっていない。父永明が幕臣に取り立てられ、上野国《こうずけのくに》藤岡（現群馬県藤岡市）から江戸牛込（現東京都新宿区）に移り住んだのは寛永十六年であるから、出生年が特定されれば、出生地も確定する可能性が高い。しかし、もし江戸という結論になった場合はひと騒動だろう。なにしろ、「和算の大家、関孝和」として上毛《じょうもう》かるたにも含まれている孝和は、群馬県にとって大切な郷土の偉人の一人なのである。

さらに、孝和が甲府藩の関家に養子に入った年も不明であるし、そもそも養父とされる人物の名前が甲府藩の記録の中に見つからないのである。

関孝和像（一関市博物館蔵）

和算界のスーパースターともいうべき孝和の、そんな基本的なプロフィールすらわかっていないのは、不思議な気もする。いや、むしろ、わからない部分が多いからこそ、孝和は人々を惹きつけてやまないのかもしれない。後述するように、彼を慕う後世の数学者たちは、さまざまな「天才伝説」を創作して、関孝和をスーパースターに祭り上げていった。

本稿では、孝和にまつわる風説と事実をきちんと整理しながら、「算聖」とまで呼ばれるようになった理由を明らかにしていきたい。

二つの墓の違い

関孝和は、宝永五年(一七〇八)十月二十四日に江戸で亡くなり、牛込七軒寺町《しちけんてらまち》(現在の新宿区弁天町)の浄輪寺《じょうりんじ》に埋葬された。浄輪寺は日蓮宗池上本門寺《いけがみほんもんじ》の末寺で、慶長年間(一六〇〇年前後)の創建である。

浄輪寺には、孝和の墓石が二つある。立派な外柵に囲まれた墓地の中央、槍の穂先を立てたような独特の形状のものが本当の墓石で、風格のあるたたずまいだ。碑面には没年月日や戒名、俗名、家紋が見られる。その右側には「関先生之墓」と刻まれた記念碑(ただしレプリカ)がある。

一方、外柵の外のすぐ右側にも、まるで放置された自然石のような墓石がある。これは孝和の実兄・内山永貞《ながさだ》とその妻の墓で、卒塔婆《そとば》や香炉がなければ、つい見落としてしまうような質素な墓所だ。

「算聖」と称えられた関孝和の墓所が、無名の幕臣だった実兄のものより立派であるのは、今から見れば当然のことに思える。

しかし、徳川幕府や甲府藩の公式記録には、孝和が大数学者だったことを連想させる記録は、まるで見当たらない。亡くなったとき、孝和は西の丸御納戸組頭という中級の旗本だった。

立派な外柵に囲まれた関孝和の墓。柵外の右側にあるのが兄・内山永貞夫妻の墓。

一方、実兄の内山永貞は、父の跡を継いで天《てん》守番《しゅばん》となり、のちに支配勘定、林奉行を歴任した後、御目見《おめみえ》つまり旗本の勘定組頭となった。その後、遠江国《とおとうみのくに》中泉代官、美作国《みまさかのくに》古町代官を拝命し、さらに上級旗本に昇進している。兄の永貞は有能な幕臣だったのだ。

公式記録だけをみれば、むしろ孝和の墓の方が粗末なつくりで、永貞夫妻の墓が立派であってもおかしくない。実際、孝和の葬儀や埋葬が執り行われた時点では、今ほど立派な墓が作られたわけではなかった。

孝和の墓所が「算聖」の名にふさわしい風格を持つまでには、没後かなりの年月を必要としたと思われる。まず没後八十六年目に、数学者で経世家でもあった本田利明らが「関先生之墓」と刻んだ記念碑を建立した。彼らが孝和の墓を発見したとき、墓石は荒れたままで苔むしていたという。さらに没後九十二年目には、数学者の菅野元健《すがのもとたけ》らによって、碑銘が改刻された。本来の戒名は「法行院宗達日心」だったが、「法行院殿宗達日心大居士」と誇張された。家紋も、蝶から鶴か鳳凰に描きかえられたようだ（磨滅していて模様が判然としない）。

近いところでは、二〇〇八年に関孝和三百年祭記念事業が、日本数学会を始め多くの数学団体や個人によって営まれ、外柵などが整備された。

一人歩きする関孝和像

墓だけではない。孝和の死後、多くの数学者たちがさまざまな形で孝和に敬意を表そうとした結果、和算界のスーパースターとしてのイメージが一人歩きしていくことになる。

たとえば、関孝和が「算聖」と尊称されるようになったのは、没後三十三年目のことである。寛保《かんぽう》元年（一七四一）、名古屋で活動していた葛谷実順《くずやさねより》の『開宗算法』の中の、山本格安《ただやす》の序文に、はじめて「算聖」という言葉が登場した。

「和華に卓越し、古今に瞻前忽後《せんぜんこつご》の妙を見る。ここにおいて世に算聖と称す」

また、関孝和を敬愛するあまり、彼が偉大なニュートンと同じ寛永十九年（一六四二）に誕生したという説を唱えた和算家までいた。

江戸末期から明治にかけて活躍した和算家川北朝鄰《ともちか》は、明治二十五年（一八九二）八月発行の『数学協会雑誌』第六十五号収録の『関自由亭先生の由緒を知らん為《ため》内山家の系譜を調ぶ』

という原稿の中で、「寛永十九壬午《みずのえうま》年三月、上州藤岡に生る」と書いた。和算史家の三上義夫によると、のちに川北が根拠のない推定だったと告白したという。ところが、この川北説は多くの本に引用され、通説になってしまった時期もあった。

孝和の神童伝説もいくつかある。たとえば、天明元年（一七八一）に関流を代表する数学者・藤田貞資《さだすけ》が出版した『精要算法』の自序文に次のような記述が見られる。

「夫子《ふうし》は天授の才、命世の器、六歳の時、人の会して敷算するものを見て曰《いわく》某は第一策を失し、某は第二策を失すと」

夫子とは関孝和のことで、六歳でおとなのそろばんによる計算間違いを指摘したというのである。

いかにもありそうな話だが、じつはこのエピソードは、中国の古典的逸話を集めた『瑯琊代《ろうやだい》酔編《すいへん》』で、六歳の少女が琴の弦の調子がはずれていることを指摘した話を元ネタにした作り話だといわれている。

また、『精要算法』よりも古い、元文三年（一七三八）の『武林隠見録《ぶりんいんけんろく》』という武士の伝記を集めた本の中に、「関新助（孝和のこと）算術に妙有事」という一節がある。その中に、次のような内容の記述がある。

「そのころ南都《なんと》（奈良のこと）に、いつのころ渡来したのだろう。唐の本で仏教の本の中に紛れ込んでいたが、誰が読んでも理解できない本があった。（中略）新助は噂を聞き、おそらく数学書であろうと思い、休暇を取って南都へ行き、筆写して江戸へ帰った。それから三年間勉強してその奥義を窮《きわ》め、算術においては古今無類の名人となった」

これもかつては単なる伝説と考えられていた。しかし、富山県射水《いみず》市新湊《しんみなと》博物館の高樹文《こうじゅ》庫で興味深い資料が見つかった。奥書に「寛文辛丑《かのとうし》仲夏《ちゅうか》下浣《げかん》日訂写訖　関孝和」と記された『楊輝算法《ようきさんぽう》』の写本である。寛文辛丑仲夏下浣とは、寛文元年（一六六一）五月下旬のことであるから、関孝和が二十歳ぐらいの頃である。もしこの奥書が本物なら『武林隠見録』の記述とつじつまが合う。ただし『武林隠見録』では、孝和が筆写したのは「誰が読んでもわからない本」としか書かれていない。それが『楊輝算法』かどうかは不明であることには、注意しなければならない。

自己顕示欲のない天才

和算の歴史の中で、関孝和の数学は明らかに次元が異なっている。鎖国時代に、どのような研究プロセスを経て、行列式やベルヌーイ数の発見に到達し得たのだろうか。これは数学史研究の重要なテーマであり、今でも多くの数学者がこの謎に挑んでいる。

しかし、孝和がいつ数学と出会い、どのようにそれを進化させていったのかは、まだほとんどわかっていない。そもそも関孝和のデビュー作である『発微算法《はつびさんぽう》』からして、出版までの経緯は謎に包まれている。同時代の和算家からすれば、まさにある日突然彗星のように出現した天才に見えたはずだ。

『発微算法』の出版は、延宝二年（一六七四）のことである。孝和が発明した、未知数を含む係数の方程式を解く方法・傍書法《ぼうしょほう》が含まれていた。それまで最先端の数学とされてきた中国の天元術を超えて、和算を大きく進歩させた画期的な数学書である。

日本にはじめて天元術を伝えた本は『算学啓蒙《さんがくけいもう》』である。元の朱世傑《しゅせいけつ》が一二九九年に出版した本で、朝鮮を経て日本にもたらされた。万治元年（一六五八）に、訓点をつけた『新編算学啓蒙』として復刻されたが、当時の和算家たちの中には、理解できる者はほとんどいなかった。天元術を理解して最初に本にしたのは、大坂の鳥屋町に住む沢口一之《かずゆき》で、実に十三年後のことである。一之は、『改算記』と『算法根源記』の遺題を天元術で解いて『古今算法記』を出版したのだが、その巻末には通常の天元術を使っても解けない十五問の遺題《いだい》がつけられていた。

この未解決の難題を、鮮やかに解いてみせたのが、孝和の『発微算法』であった。出版されたのは『古今算法記』から三年後の延宝二年（一六七四）であるが、どうやら孝和は『古今算法記』の遺題を見た瞬間に、その解法もわかっていたようである。いつでも解法を出版できる状態だったが、当時甲府藩では深刻な不作から一揆が発生し、それが江戸桜田の屋敷への門訴《もんそ》にまで発展していて、御用第一の孝和には数学書を出版するのは憚られたのであろう。

それでも、家老らの免職処分という形で甲府藩の一連の騒動が決着してから、わずか二ヶ月後に『発微算法』は出版された。

『発微算法』の序文には、そういった背景や孝和の気持が書かれていた。
「頃歳《けいさい》算学世に行わるること甚《はなは》だし。或いはその門を立て或いはその書を著《あら》わす者、枚挙すべからざるなり。茲《ここ》に古今算法記有りて、難題一十五問を設け、引きて発せず。爾来《じらい》四方の算者、之を手にすといえども、その理高遠にして暁《さと》し難きを苦しむ。且ついまだその答書を観ず。予、嘗てこの道に志すこと有るが故に、その微意《びい》を発し、術式を註して、深く筥底《きょてい》に蔵し、以って外見を恐る。我が門の学徒、咸曰《みないわ》く、庶幾《こいねが》わくば梓《あずさ》に鋟《きざ》んでその伝を広めよ、然らば則ち未学の徒のために小《すこ》しき補いなくんばあらずと」

世の中で数学が流行していて、門を立て、書を著すものは枚挙にいとまがない、とあるから、孝和は続々と出版される数学書を読んでいた。そして、『古今算法記』の難問に答える数学書が出ていないことも知っていた。自分は回答できたが公開を遠慮していたと書いている。しかし、弟子たちが皆、学問を修めていない人のために伝えるべきだというので、ようやく出版することにしたという。

弟子が何人いたかはわからないが、三瀧四郎右衛門と三俣八左衛門という二人が、『発微算法』の校正をしたことが書かれている。この二人は、出版を勧めた弟子たちの中心だったはずだ。ところが、二人とも素性も数学上の業績もはっきりしない。

中国の数学書にもない画期的な傍書法を発明し、誰も回答できない『古今算法記』の遺題を解いたわけだから、多少なりとも気負いが見られてもおかしくない。しかし、「弟子たちが勧めるので出版することにした」というほど、孝和は自己顕示欲がない男だった。
実際、この『発微算法』が孝和の生涯で唯一の出版物となり、この本以降、彼が自分の名前で出版したものは一冊もない。独創的な研究成果を多く残したにもかかわらず、である。孝和にとって、数学の研究はあくまで楽しみであり、他人に自慢するようなものではなかった。

弟子が買った喧嘩

『発微算法』出版の二年後、優秀な兄弟が入門してきた。幕府右筆建部直恒《ゆうひつたけべなおつね》の息子で、十六歳の賢明《かたあきら》と十三歳の賢弘《かたひろ》である。建部家は二百俵の御家人で、関家とほぼ同格である。

『発微算法』出版から五年後に、数学史的に驚くべきことが起きた。京都の数学者田中由真《よしざね》の『算法明解』の出版である。

内容は『古今算法記』の遺題に対する回答書であるが、孝和の傍書法と似ているものの、少し異なった方法で解いているのである。由真が『発微算法』を所有していたことは明らかになっており、意図的に異なった方法で解いた可能性が高い。

『古今算法記』を書いた沢口一之の師は、大坂の橋本正数である。田中由真は正数の孫弟子にあたるので、二人は同門である。『古今算法記』の遺題については、門人たちの中から回答書が出ることが期待されていただろう。ところが、名前も知られていない江戸の数学者・関孝和に先に回答されてしまい、由真らは衝撃を受けたのではないだろうか。

孝和に一矢を報いるため、必死になって研究した成果が『算法明解』だったと思われる。由真の『算法明解』を孝和が見たかどうかはわからない。しかし、まったく自己顕示欲のない孝和のことである。たとえ見ていたとしても、すでに自分が解決済みの問題を、他人が多少異なる方法で解いたからといって、どうということはなかった。

江戸に住む孝和の沈黙は、かえって橋本正数の門人らの感情を逆なでした。無視されたと思った、そそっかしい男がいた。由真の門人・佐治《さじ》一平《かずひら》である。『算法明解』出版の二年後、一平は弟子の松田正則の名前で『算学詳解』（旧名『算法入門』）を出版した。その序文では、「（『発微算法』の）理術わずかに可にして、未《いま》だ可ならず。故にこれを改たむ」、と強い調子で『発微算法』を攻撃していた。

この『算学詳解』は、さすがに孝和や建部兄弟の知るところとなった。孝和はともかく、入門して六年、実力をつけてきた建部兄弟は我慢ならなかったようである。二年後、賢弘は『研《けん》幾算法《きさんぽう》』を出版して『算学詳解』に反論した。彼はその序文の中で、「（『算学詳解』では）発微算法を議して差誤ありと思えり。蓋《けだ》しかれ未だかつて演脱の神化を識《し》らず。いかでか幽微の術意を理会せんや」と喝破《かっぱ》し、さらに『算学詳解』による『数学乗除往来』四十九問の答術に対しても、「或いは牽強《けんきょう》（付会）して正を失い、或いは乖戻《かいれい》して錯真多し。以《も》って（荒唐）無《む》稽《けい》の妄術なり」と痛烈に批判した。孝和自身も跋文の中で、「毫厘《ごうりん》も謬《あやま》れば、則ち差千里を以ってす」と書いてはいるが、弟子の賢弘が前面に出ての『算学詳解』に対する反撃だった。

發微算法

古今算法記一十五問之荅術

一

平圓解空門一問

今有平圓内如圖平圓空三箇外餘寸平積百二十歩只云從中圓徑寸而小圓徑寸者短五寸問大中小圓徑幾何

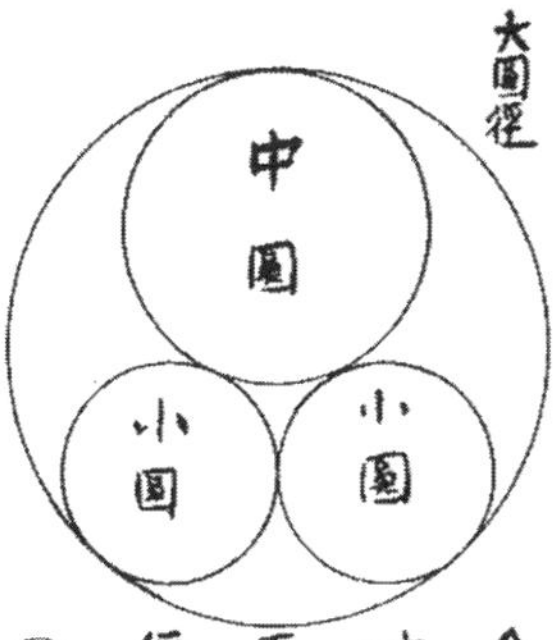

○荅曰依左術得小圓徑

術曰立天元一為小圓徑加入云数為中圓徑自之得数寄甲位○列小圓徑自之得数倍之加入甲位以圓周率乗之得数寄乙位○列外餘積四之以圓

『発微算法』から最初の問題と解答（東北大学附属図書館蔵）

それでも『発微算法』に対する批判や疑問は沈静化しなかったようだ。そこで賢弘は、さらに二年後の貞享二年（一六八五）、『発微算法演段諺解《はつびさんぽうえんだんげんかい》』で『発微算法』の解法を詳細に解説した。

補助未知数を立てて、数係数だけでなく文字（未知数の式など）を係数とする方程式を二つ傍書法で書き、それらの方程式から補助未知数を消去する演段術を見せたので、やっと多くの数学者が納得した。

跋文の中で孝和は、『発微算法演段諺解』は、賢明、賢弘だけでなく長兄の賢雄《かたお》も含めた三兄弟が出版を求めてきたので許したと述べ、やはり控え目な立場を守っている。

膨大な研究成果

京都の和算家たちとの論争にはほとんど興味を示さなかった孝和だが、数学研究自体は熱心に続けていた。出版こそしていないが、膨大な著述を残している。

興味深いのは、天文暦学を題材にした著述をいくつか残している点である。延宝八年（一六八〇）の『授時発明』、天和元年（一六八一）の『授時暦経立成』、貞享三年（一六八六）の『関訂書』などがそれにあたる。観測記録である『日景実測』や『二十四気昼夜刻数』も孝和の著述らしく、実際に日影の長さから一年（太陽年）の長さも知ろうとしていたようだ。

この頃は、ちょうど渋川春海《はるみ》が改暦に取り組んでいた時代で、孝和も同じく改暦を目的とした天文暦学の研究をしていたという説があった。春海に改暦を指示したのが保科正之《ほしなまさゆき》なら、孝和も藩主の徳川綱重《つなしげ》から密命を帯びていたのではないかという、とても興味深い話である。

　筆者もかつてこの説にインスピレーションを得て、『算聖伝』という小説を書いたことがあるが、現在の最新研究では、彼の関心はやはり数学であり、翦管術《せんかんじゅつ》の研究のために天文暦学を取り上げていたと考えられている。翦管術は天文暦学に必要な剰余方程式の解法で、『楊輝算法』の中にも現れている用語である。

　貞享の改暦がなされたころは、甲府藩は不作続きで一揆が続発していたし、藩主も綱重から綱豊へ代替わりした時期で改暦どころではなかった。孝和自身は、『発微算法』出版後に弟子にした建部兄弟の指導と、検地役人としての御用に励んでおり、藩命を背負って改暦に挑んでいたとは考えにくい。

　ただし、孝和の著述が最も集中したのは、この同じ時期、天和三年（一六八三）から貞享三年（一六八六）までの三年間だった。

　天和三年（一六八三）の著述としては、『拾遺諸約之法・翦管術解』、『方陣之法』、『円攅《えんさん》之《の》法《ほう》』、『角法並演段図』、そして数学遊戯「継子立《ままこだて》」と「目付字《めつけじ》」それぞれの理論化である『算脱之法』と『験符之法』などがある。もっとも特筆すべきは『解伏題之法』で、ライプニッツの個人ノートを除けば、世界で最も早い行列式の理論を述べた本であった。

　貞享二年（一六八五）の著述には、ホーナーの方法と同じ数字係数方程式の解法を示した

『解隠題之法』や、『開方翻変之法《かいほうほんぺんのほう》』、『題術弁議之法』、『病題明致之法』などがある。翌三年には、『関訂書』、『天文大成諺解《てんもんたいせいげんかい》』がある。『解見題之法』も貞享年間だと推定されている。数学者として、もっとも脂が乗っていた時期であった。

関孝和の真価

元禄年間に入ると、孝和の数学研究にはあまり大きな動きが見られなくなる。弟子の賢明と賢弘が相次いで養子に行ったためかもしれない。

元禄年間も後半になると、後継ぎがいなかった孝和は真剣に養子を取ることを考えはじめ、実弟永行の子だった新七郎を養子に迎える。新七郎は数学とは無関係だったから、数学の後継者として新七郎を選んだわけではない。あくまで武士として関家の存続を願ったのである。

宝永三年（一七〇六）、新七郎を将軍綱吉に拝謁させると、その二年後に孝和はおよそ七十年弱の生涯を閉じた。

ところが、孝和の没後わずか二十七年で、関家はあえなく断絶してしまう。甲府城追手門櫓の中から千四百両余りが盗まれるという大事件が発生した際、甲府勤番だった新七郎らが役宅で博打《ばくち》をしていたことが発覚したのだ。土地屋敷はもちろん家財道具まで取り上げられる重追放となり、これ以後、新七郎の消息は不明である。御用第一に生きてきた孝和には、予想もしなかった関家のあまりに早い断絶だったろう。

そして、この不名誉であっけない結末が、親類縁者に孝和の業績を記録に残すことをためらわせ、その遺稿や算書類を散逸させることにつながった。

しかし、「桃李《とうり》もの言わざれども下自《したおのずか》ら蹊《みち》を成す」のたとえ通り、正真正銘の大数学者だった孝和が、歴史から忘れ去られてしまうことはなかった。

まったく自己顕示欲のなかった本人にかわり、多くの数学者たちが彼の業績を語り継いだ。素性や研究過程といった基本情報すらはっきりしないことは、むしろ後世の研究者たちの敬意と探究心を惹きつけ、孝和を「算聖」へと押し上げる要因のひとつにすらなった。

日本数学会の「関孝和賞」メダル

和算には諸流派が誕生し、互いに奥義や秘術と称してそれらを隠したが、どの流派も内容は本質的に関流と言っていい。

幕末から明治維新にかけて、日本は近代化を進めるため西洋数学を受け入れたが、それができたのは関流が数学として真に優れたものだったからだ。

その後日本は、世界的な数学者を輩出してきたが、ある意味、日本の数学は孝和を中心に発展を遂げてきたとも言える。現在も日本数学会における最高の賞が「関孝和賞」とされているのももっともな話である。

第四章　建部賢弘（一六六四〜一七三九）——円周率の謎を解いた男

関孝和との出会い

建部《たけべ》賢弘《かたひろ》は、職禄二百俵の幕府右筆《ゆうひつ》、建部直恒《なおつね》の三男として、寛文四年（一六六四）に生まれた。建部家は織豊時代に能書家として知られた曾祖父建部賢文《かたぶん》以来、右筆を務めることが多い家系であった。

長兄の賢雄《かたお》、次兄の賢明《かたあきら》、そして賢弘の三兄弟は、子供の頃から和算に興味をもっていたようだ。兄弟ともに、甲府藩主徳川綱重《つなしげ》に仕える関孝和《せきたかかず》に弟子入りした。賢雄が弟子になった時期は不明だが、賢明と賢弘が弟子入りしたのは延宝《えんぽう》四年（一六七六）のことである。賢明は十六歳、賢弘は十三歳だった。ちょうど関孝和が『発微算法《はつびさんぽう》』で和算界に鮮烈なデビューを果たした二年後のことだった。

その生涯を見ても、あまり多くの弟子を持たなかった関孝和である。幕臣の息子である建部兄弟の入門に際しては、孝和と同じ甲府藩士の伯父建部賢豊《かたとよ》やその子広昌《ひろまさ》の口添えがあったものと推測される。

そのころの孝和は、三十代から四十代にさしかかっていて、数学者として脂が乗ってきた時期である。出版されなかったが、『求円周率術』、『立円率解』、『八法略訣』、『授時発明』、『授時暦経立成』などが当時の著述だとされている。円や球の理論、度量衡や天文暦学に関する計

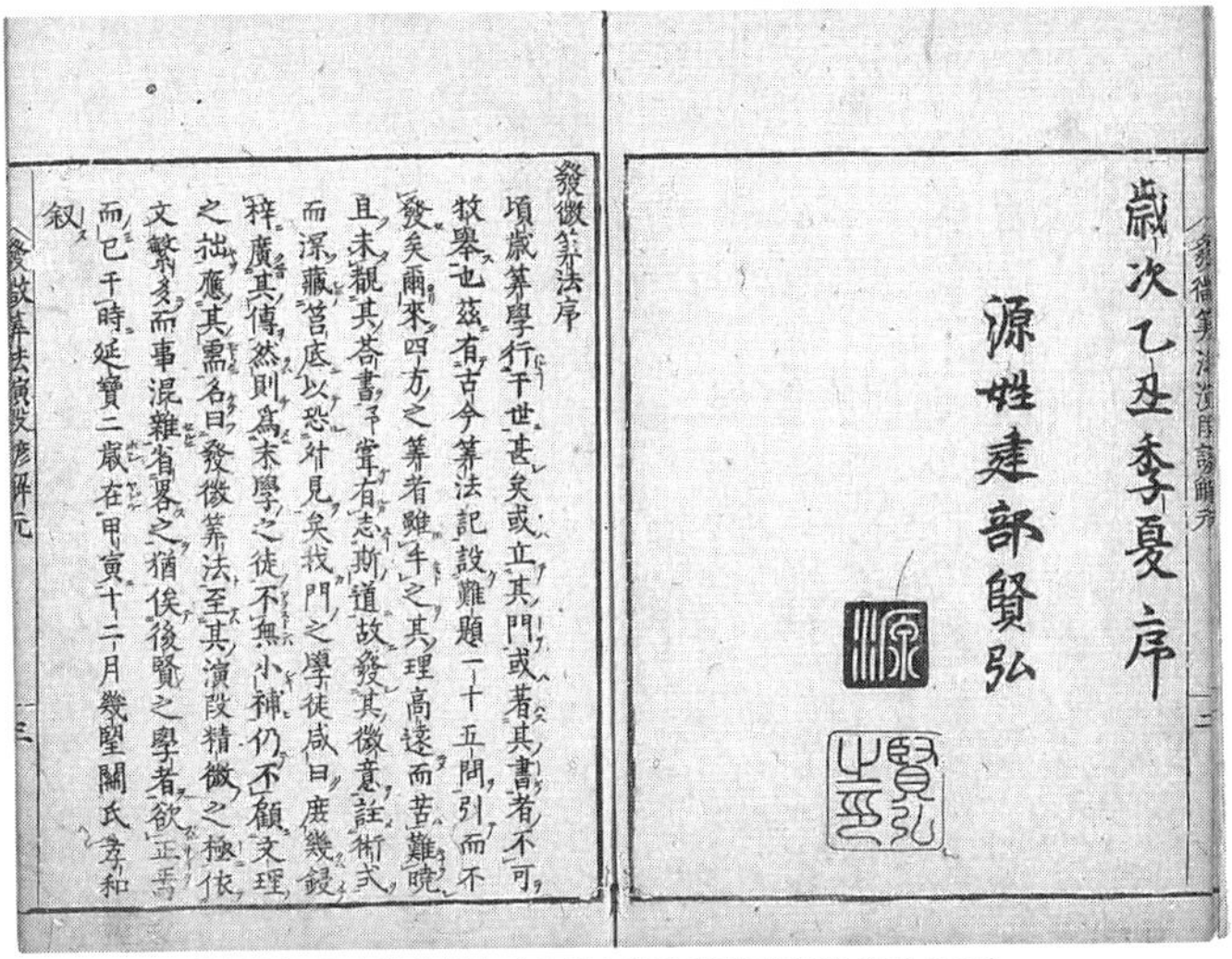

發微算法演段諺解序　二

歳次乙丑季夏序
源姓建部賢弘

發微算法序
頃歳算學行于世甚矣或立其門或著其書者不可
枚擧也茲有古今算法記設難題一十五問引而不
發矣爾來四方之算者雖手之其理高遠而若難曉
且未覩其答書予嘗有志斯道故發其微意註術式
而深藏筥底以恐外見矣我門之學徒咸曰庶幾鋟
梓廣其傳然則爲末學之徒不無小補仍不顧文理
之拙應其需名曰發微算法至其演段精微之極依
文繁多而事混雜省畧之猶俟後賢之學者欲正焉
而已于時延寶二歳在甲寅十二月幾望關氏孝和
叙

發微算法演段諺解元　三

建部賢弘の『発微算法演段諺解』（京都大学理学研究科数学教室蔵）

算を扱った数学書で、研究分野も広がっている。わずか十三歳で弟子入りした賢弘にとっては、現代でいうなら、中学生がいきなり大学教授の指導を受け始めたようなものだったろう。

孝和から和算を夢中で学び始めた兄弟の中で、賢弘の才能が最初に開花した。天和三年（一六八三）、賢弘は弱冠二十歳にして『研幾算法《けんきさんぽう》』を出版する。孝和の『発微算法』を理解できずに非難した『算学詳解』（旧名『算法入門』）に対し、師に代わって反論した著作だった。

さらに賢弘は、二十二歳の時に、『発微《はつび》算法演段諺解《さんぽうえんだんげんかい》』四冊を出版した。書肆《しょし》の火災で失われた『発微算法』の原本を再び示すとともに、孝和が発明した記述式代数法である傍書法《ぼうしょほう》を用いて計算していく過程を詳しく解説した本である。『発微算法』は、出版から十一年が経った当時でも、まだ多くの和算家に理解されていなかったから、傍書法を普及させた賢弘の仕事は、大きな意味がある。

建部兄弟らは、爆発的に増えていく孝和の研究成果を整理、体系化していく作業にも着手した。まとめ役はもちろん賢弘だ。この編纂作業は、天和三年（一六八三）の夏頃から始まり、元禄八年（一六九五）ごろ、まず『算法大成』と命名されて十二巻にまとめられた。

さらに、公務で多忙になった賢弘に代わって次兄の賢明を中心に作業が進められ、宝永八年（一七一一）ころ、書名を改め『大成算経《たいせいさんけい》』全二十巻として最終的に完成する。関孝和の数学を今日正確にたどることができるのは、この『大成算経』のお陰であるが、関孝和の偉業を体系化するには、実に三十年近い年月を必要としたことになる。

元禄年間に入ると孝和の研究ペースは急速に落ちていくが、一方で、賢弘はその間も意義深い仕事を残している。元禄三年（一六九〇）初秋、『算学啓蒙諺解大成《さんがくけいもうげんかいたいせい》』七巻の刊行である。元《げん》の朱世傑《しゅせいけつ》が著した『算学啓蒙』は天元術などが記されている重要な数学書であるが、賢弘はそれを単に読み下すだけでなく、詳細な注解を施して出版したのである。

高度な学問ほど、本当に理解している者でなければ、初学の者に対してわかりやすい解説はできないものだ。賢弘の『発微算法演段諺解』、『算学啓蒙諺解大成』そして『大成算経』は、和算を志す人々にとって必要不可欠な参考書となった。賢弘はこれら一連の著作で、和算の発展に大きく貢献したのである。

不幸な養子縁組

建部三兄弟の次兄・賢明が、正徳五年（一七一五）にまとめた『建部氏伝記』という一族の記録がある。その中の〈建部彦次郎《ひこじろう》賢弘伝〉のところに、賢弘の養子縁組が不縁になった顚末が書かれている。

戦乱のない時代である。市井《しせい》には浪人もあふれている。長男で生まれなかった武士の子は、養子縁組をしなければ、一生仕官はおろか妻帯もできずに終わる恐れもあった。建部家の三男として生まれた賢弘も、当然縁組先を探していたことだろう。

賢弘の縁組先として浮上したのは、師の孝和と同じ甲府藩の北条源五右衛門《ほうじょうげんごえもん》の家であった。すでに和算家として賢弘の評判は藩内に聞こえていたのであろう。賢弘自身も、いつまでも長兄賢雄の厄介《やっかい》にならないですむとホッとしたに違いない。

ところが、この養子縁組の前年に、源五右衛門に長男市之進が誕生したことで、話はややこしくなる。おそらく長男誕生以前に約束してしまった養子縁組だったのだろう。源五右衛門も本音では養子縁組の話を断りたかったはずである。しかし、その世界では知られている関孝和の一番弟子、しかも直前に『算学啓蒙諺解大成』を出版して評判となっていた賢弘との約束を反故《ほご》にすることはできなかった。結局、元禄三年（一六九〇）の冬、二十七歳の賢弘は源五右衛門の養子となった。

市之進が成長するにつれ、源五右衛門は次第に賢弘につらく当たるようになった。それでも忍耐強い賢弘はいささかも養父にそむくことはなかった。むしろ、傍から見ていた次兄の賢明の方がよほど腹に据えかねたようで、〈建部彦次郎賢弘伝〉で源五右衛門のことを「元来甚ダ邪欲無道ノ者ニシテ……」と激しく非難している。

どうやら源五右衛門は、賢弘がもらう蔵米や衣服金銀を取り上げていたらしい。さらに実子に家督を継がせるため、賢弘を罪に陥れようと画策したこともあったようだ。しかし、賢弘が実直な男であることは藩内にも知れ渡っていたので、かえって源五右衛門が嘘つき呼ばわりされる始末であった。

それでも、結局、養子縁組から十三年後の元禄十六年（一七〇三）秋、源五右衛門は、意にかなわないとして、賢弘を実家へ追い返してしまう。

この時、賢弘はすでに四十歳になっていた。養父の酷い仕打ちにもじっと耐え忍んだ挙句の不縁である。賢弘の心境は察するに余りある。それでも賢弘は、「自分が愚かで養父の心にかなわなかったので、実子に家を継がせるため、自ら身を引いた」と周囲に語り、決して養家に対する不満や批判を口にすることはなかった。

しかし、天道人を殺さず、賢弘に思わぬ幸運が訪れる。賢弘の節義に感じ入った藩主綱豊のお声がかりで、賢弘は臣下の列に加えられ、一家をたてることが許されたのである。賢弘の数学の才能は広く知られており、また、かつて綱豊の求めに応じて、渾天儀《こんてんぎ》を作って献上したことがあったことも考慮されたようだ。

将軍の科学ブレーンとして

宝永《ほうえい》元年（一七〇四）、綱豊が将軍綱吉《つなよし》の世子《せいし》となって西の丸に入ると、賢弘は孝和と共に綱豊に従って幕臣となった。西の丸御広敷添番《おひろしきそえばん》で、禄米はわずか百俵三人扶持の御家人《ごけにん》である。低い身分だが、引き続き綱豊に仕えることができるのは幸せだった。

宝永五年（一七〇八）十月に孝和が亡くなると、賢弘は幕臣の中では事実上最高の数学者となった。そして、翌六年（一七〇九）、綱豊が六代将軍家宣《いえのぶ》となると、賢弘は西の丸御小納戸《おこなんど》として将軍に仕えるようになり、小川町稲荷小路に三百坪の役宅を拝領した。御小納戸は、御家人と違って、将軍にお目見えできる旗本である。

そして、前にも触れた通り、宝永八年（一七一一）ころ、『大成算経』全二十巻が完成した。賢明が書いた〈建部彦次郎賢弘伝〉に興味深い記述がある。

「十三歳ニシテ数ニ参シ、兄ト同ク夙夜《しゅくや》ニ心ヲ尽シテ学ビシニ、太ダ聡明ニシテ数理一貫ノ道ヲ深ク悟得《さとりえ》テ、又暦術天文各其蘊奥《うんおう》ヲ極ム。其稟性《ひんせい》タル也、孝和ニ不劣《おとらず》」

賢弘の数学の才能は師である孝和にも劣らないと述べた上で、さらに『大成算経』編纂について、次のように書いている。

「大成算経ト号テ手親ラ草書シ畢《おわ》ンヌ。然《しか》レ共、元来隠逸《いんいつ》独楽ノ機アル故、吾身ノ世ニ鳴ル事ヲ好マズ。名ヲ包ミ徳ヲ隠スヲ以テ本意トスル者ナレバ、吾功悉《ことごと》ク賢弘ニ譲テ自ラ癡人《ちじん》ト称ス」

一見これは賢明の謙虚さと弟思いが筆致に出ているだけのように見える。しかし、今日我々が関孝和の業績を集大成したものと考えている『大成算経』が、実は孝和だけでなく賢弘個人の業績も含まれていることを意味しているのかもしれず、興味が惹かれるところである。

家宣は将軍になってからわずか三年後の正徳二年（一七一二）に亡くなる。家宣が死の床に臥《ふ》したときは、賢弘は帰宅することなく二ヶ月以上も看病した。家宣が亡くなると、賢弘は断髪して喪に服したという。

続いて家宣の四男・家継が七代将軍となると、賢弘は布衣《ほい》の着用を許されて上級旗本となり、一番町に以前より広い四百坪の役宅を拝領した。しかし、その家継も三年後、わずか八歳で病没し、賢弘は特定の職務のない寄合となった。閑職となったことで、賢弘は数学の研究に没頭できると考えたが、現実はそうならなかった。

享保元年（一七一六）八月十三日、紀州徳川家の吉宗は、八代将軍になるや、次々に政治改革に着手した。科学技術にも関心を持っていた吉宗は、とりわけ暦法には強いこだわりを示した。なぜ完璧な暦法ができないのか、自分で納得するまで勉強しようとした。かつて関孝和と授時暦に関わる数学を研究していた賢弘も、吉宗の質問を受けた。

しかし、暦法の運用は本来天文方《てんもんかた》の管轄である。寄合に過ぎない賢弘があまり深く関わるわけにはいかない。そこで賢弘は、京都の銀座役人で天文暦学者の中根元圭《げんけい》を専従研究員として推挙した。

元圭は、賢弘の門人という立場になって天文暦学を講じ、また優れた西洋天文学を導入するべきと吉宗に進言した。それにより吉宗は、西洋天文学のみならず、キリスト教に関係がない科学技術書であれば、その漢訳書の輸入を認めるという禁書令の緩和をおこなって、江戸時代の科学技術発展に大きな貢献をすることになる。

また吉宗は、地図についても問題意識を持っていた。江戸城内紅葉山《もみじやま》にある書庫から、国ごとの元禄国絵図と、全国地図である元禄日本図を借り出し、書物奉行などに説明を求めた。そして、その精度の悪さに気が付いた吉宗は、享保二年（一七一七）、勘定奉行大久保忠位《ただたか》を責任者に指名し、佐渡奉行北条氏如《うじすけ》を実務担当者として、元禄日本図を改訂することにした。元禄国絵図を接合して、より精度の高い日本全国地図を作ろうというのである。

ところが、元禄国絵図の記載がおおまかなため、指定の位置から見当山《みあてやま》（各藩の複数の地点から見通せる共通の山）までの方位を国絵図上に朱引きしてみると、途中にある山川などが実際に望視されるものと矛盾することが多々あり、改訂作業は難航した。

享保四年（一七一九）に三回目となる実地調査がおこなわれるが、このとき、吉宗の命をうけて、賢弘が参画する。賢弘は、今回の改訂のポイントは、従来の元禄国絵図をいかに正確に接合させるかだけだから、実際の山川がどう見えようが、指定の見当山の方角さえわかればよいと考えた。そこで、方角紙と呼ぶ十字線が書かれた記入用紙を渡し、指定した地点から見当山までの方角のみを記入するよう指示を出した。おかげで、その後の諸藩の調査はスムーズにおこなわれたという。いかにも数学者らしい本質を見極めた考え方である。

たとえば関東十三ヶ国では、富士山をただ一つの見当山として、国絵図を貼り合わせることにしている。賢弘自身も武蔵国の妙見山や牟礼《むれ》、瀧山《たきやま》など、測量の現場に出張した。

この享保日本図の編集は、実質的に享保十年（一七二五）に終わったらしく、九月十六日、賢弘に、金五枚、時服三領が褒美として下賜されている。

日本地図製作事業は、天体観測技術の発達とも融合し、後の伊能忠敬《いのうただたか》による『大日本沿海輿地全図《だいにっぽんえんかいよちぜんず》』にもつながっていく。

関孝和も解明できなかった円理

享保六年（一七二一）二月、五十八歳の賢弘は二の丸御留守居《おるすい》となった。職禄は七百石である。翌月には、十八歳になった婿養子の秀行《ひでゆき》（同族建部昌純《まさずみ》の四男）が、初めて吉宗に拝謁した。

すでに家督を譲る準備は整った。年齢から考えても、あとはのんびり静かな余生を送ってもおかしくない状況である。数学者に求められる一瞬のひらめきや集中力なども衰えていたろう。数学研究の同志といってもいい次兄の賢明も、すでに五年前に五十六歳で先立っていた。

しかし、賢弘が天才と呼ばれるのにふさわしい偉大な業績を残すのは、実はこれからなのである。

還暦を目前にした賢弘は、果敢にも「円理」の解明に挑戦する決心をする。円理とは、円周や弧長等に関する円の性質を明らかにしようとする学問で、単純化すれば、「円の周囲は直径の何倍か」すなわち正確な円周率を求めることであった。古くは古代ギリシアのアルキメデスを始めとして、古今東西の数学者たちがこの問題に挑んできたが、ことごとく撥ね返されていた。

正確な円周率を求めることは、現代の数学でいえば三角関数を得ることにつながり、吉宗の求める精度の高い暦を作るためにも必要だった。

そして何より、尊敬してやまない師・関孝和ですら解明できなかった大難問であったことが、賢弘を円理の解明に強く駆り立てたに違いない。

ところで、それまでの数学では、円周率はどのように求められてきたのだろう。アルキメデスは、円に内接する正九十六角形と外接する正九十六角形の周をそれぞれ計算した。正確な円の周は、それらの間にあるはずだと考えて、円周率三・一四を得た。紀元前三世紀頃のことだ。

三世紀に活躍した魏《ぎ》の劉徽《りゅうき》は、漢代（紀元前二〇二年から紀元後二二〇年）にまとめられた『九章算術』の注釈本の中で、内接する正百九十二角形の周長を計算し、円周率三・一四一五九を示した。中国南北朝時代の数学者・祖沖之《そちゅうし》も、内接する正二万四千五百七十六角形の周長を計算し、三・一四一五九二を得た。

日本では、戦国時代にスピノラが、円に内接あるいは外接する正多角形の辺の数を増やしていけば、限りなく円周に近付いていくことを教えていた。勾股弦《こうこげん》の理（ピタゴラスの定理）と開平法《かいへいほう》（そろばんで平方根を求める計算法）を使って、ひたすら面倒な計算を繰り返していけば円周率に近づいていけるのだ。

その計算を円に内接する正三万二千七百六十八角形で実行したのが、江戸初期の数学者・村《むら》松茂清《まつしげきよ》である。寛文三年（一六六三）、著書『算爼《さんそ》』の中で、円周率の求め方とその値、小数点以下二十一桁を示した上で、「三一四をそむくことなかれ」と書いている。そこまで計算しても、自信があったのは三・一四までだった（実際は小数点以下七桁まで正確だった）。

関孝和が『算爼』を手にしたときは、まだ二十歳そこそこで、彼は後に、正十三万千七十二角形の周まで計算したが、その結果に満足できなかった。なぜなら、円周率がどこまでも続く無理数であることや、有理数を係数とする代数方程式の根とならない超越数《ちょうえつすう》であることを知らなかったからである。孝和は何とかして円周率の公式を求めようとした。

しかし、円周率の公式を求めることは、容易ではなかった。天才らしいひらめきで、数列の収束論などさまざまな理論を応用してみたがだめだった。孝和は最終的に、矢《し》（弧の中点と弦の中点を結ぶ線分）の長さを次第に大きくしていったときの弧の長さの計算から、ある近似式（ニュートンの補間公式）を仮定して円周率の公式を求めようとした。しかし、この近似式は、天才だけが思いつく斬新な形をしてはいたが、所詮有限の項数で表わされていたため、近似精度は不十分だった。ついに孝和は円周率の公式を発見することなく、その生涯を終えた。

円周率自乗の公式発見

賢弘は、最初は誰でもやるように円に内接する正2^n角形の周の計算から取り組んだ。できるだけ正確な値、つまり多くの桁数を計算しようと考えた賢弘は、いろいろ試行錯誤を重ねた結果、西洋数学のロンバーグ法と同等の累遍増約術という加速法を編み出し、円周率小数点以下四十一桁の正しい結果を出した。

$$\pi = 3.14159265358979323846264338327950288419716\text{強}$$

計算の道具こそそろばんだったが、そのプロセスはコンピュータに使うアルゴリズムと同じだった。

これだけでも瞠目に値する業績だが、しかし、いくら計算方法を洗練させても、目標とする円周率の公式に辿り着けないのだ。

賢弘にとって、むしろここからが正念場であった。おそらく賢弘の脳裏にも、同じ壁に突き当たり、何とかそこを超えようと努力していた師の姿が思い浮かんだに違いない。

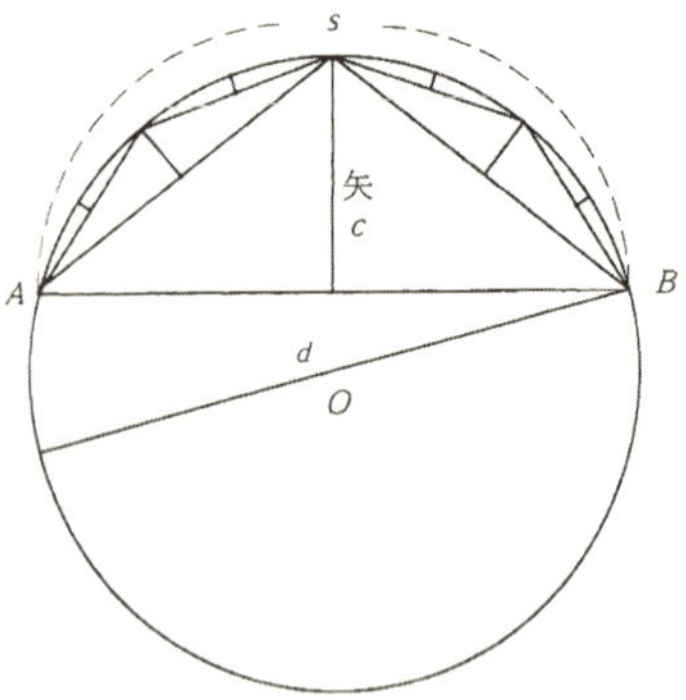

建部賢弘が計算に用いた図形

賢弘は、矢の長さを極大に近づけていった孝和とは反対に、きわめて微小な矢に対する弧の長さをできるだけ正確に求めることにした。なぜなら微小な部分になればなるほど、その計算結果は変化が少なくなる。ということは、ほとんど変化しなくなった値の中にこそ円周率の本質が隠れていると考えたからだ。

現代風にわかりやすく説明する。

賢弘は、直径dが十寸の円で矢の長さcがわずか○・○○○○一寸の弓形を考えた。そして、このときの弧の長さsの半分の自乗$(s/2)^2$を求めることにした。それを定半背冪《ていはんはいべき》という。さらに、この値をできるだけ正確に求めるために、sを六十四等分した小さな弧に対する小さな弦を考え、小数点以下五十三桁まで計算した。これだけでも、気の遠くなるような計算である。還暦を前にして、コンピュータの助けなしによくこれだけの計算をこなしたものだ。当然そろばんの腕前は達人の域だったろうが、美しい数学の真理に到達したいという数学者の執念としか言いようがない。

そして、どこまでも続きそうな数字を飽くほど眺めた結果、賢弘はあることに思い至る。弧の長さを直径や矢で表すのは有限の項数ではできないのではないか、つまり円周率が無理数ではないかと考えたのである。それなら、右辺を分解して直径dと矢cで規則的に無限級数で表わせれば、円周率の公式に辿り着けるのではないか。

賢弘はこの考察を帰納的に行なったから、そのあとは果てしない試行錯誤の繰り返しとなった。凍《い》てつく夜に、かじかんだ指でそろばん珠《だま》をはじくのは老いの身にはこたえただろう。無数に並ぶ細かな数字を長時間見つめる作業も、視力の衰えた眼にはつらかっただろう。計算の反古は部屋を埋め尽くしていったはずだ。

そして、とうとう賢弘は、$(s/2)^2$をdとcで表わすことに成功した。

$$\left(\frac{s}{2}\right)^2 = cd\left\{1+\frac{2^2}{3\cdot4}\left(\frac{c}{d}\right)+\frac{2^2\cdot4^2}{3\cdot4\cdot5\cdot6}\left(\frac{c}{d}\right)^2+\frac{2^2\cdot4^2\cdot6^2}{3\cdot4\cdot5\cdot6\cdot7\cdot8}\left(\frac{c}{d}\right)^3+\cdots\right\}$$

ここで、dを1、cを（d/4）とおけば、次の形に変形できる。

$$\pi^2 = 9\left(1+\frac{1^2}{3\cdot4}+\frac{1^2\cdot2^2}{3\cdot4\cdot5\cdot6}+\frac{1^2\cdot2^2\cdot3^2}{3\cdot4\cdot5\cdot6\cdot7\cdot8}+\cdots\right)$$

賢弘の求めたこの公式は、西洋数学では「円周率の自乗の公式」と呼ばれるもので、一七三七年にスイスの大数学者オイラーが発見したとされている。しかし賢弘は、オイラーよりも十五年も早くこの公式を導き出していたのだ。

享保七年（一七二二）の春、賢弘は「円周率の自乗の公式」を求めた証拠である『綴術算経《てつじゅつさんけい》』を、吉宗に献上した。そこには次のような記述がある。

「関氏が生知《せいち》なること世に冠《かん》たり。而《しか》も常に謂《い》えらく、円積の類甚だ難《かた》し、不可得者《うべからざるもの》と。吾《われ》はいう、円積の類といえども力を用いて必ず得る者と。その関氏が不可得と謂うは、安行《あんこう》に住して安行なる故。吾生得《しょうとく》の質魯《おろか》なる故、常に苦行《くぎょう》に止《とどまり》て而も泰《やす》きに居る道を肯《がえん》ずることあり。故に探索《たんさく》して必ず得ると為《な》せり」

関孝和ほどの天才でも、直感やひらめきを待っていただけでは公式を求めることはできなかった。自分は魯鈍《ろどん》であるが、血の出るような努力と計算をしたことで、ようやく公式を求めることができたというのである。

元文四年（一七三九）七月二十日、建部賢弘は関孝和に勝るとも劣らない数学者として、そして家宣、家継、吉宗と三代の将軍に仕えたブレーンとして、その輝ける人生の幕を閉じた。享年七十六だった。

一族の菩提寺となっている小日向《こひなた》の龍興寺《りゅうこうじ》に葬られたが、明治になって現在地（中野区上高田）に移転したとき一族の墓は一緒にされたため、単独の墓石は残っていない。

しかしその名は、関孝和の名が日本数学会の最高の賞「関孝和賞」として残っているように、若手の数学者を顕彰する「建部賢弘賞」として残っている。

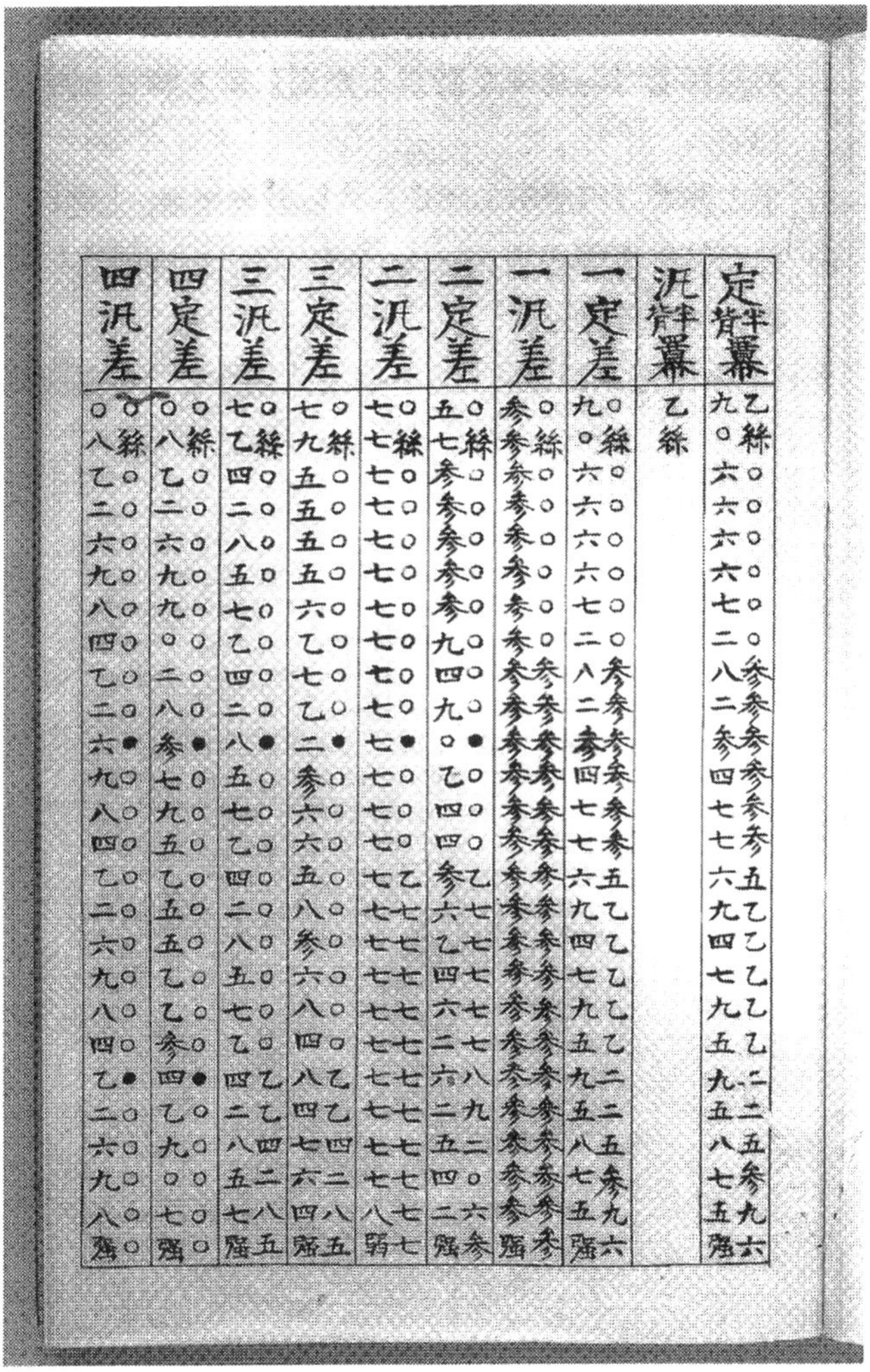

定背冪	汎背冪	一定差	一汎差	二定差	二汎差	三定差	三汎差	四定差	四汎差
九乙	乙	九○	参○	五○	七○	七○	七○	○○	○○
○絲	絲	○絲	参絲	七絲	七絲	九絲	乙絲	八絲	八絲
六○		六○	参○	参○	七○	五○	四○	乙○	乙○
六○		六○	参○	参○	七○	五○	二○	二○	二○
六○		六○	参○	参○	七○	五○	八○	六○	六○
六○		六○	参○	参○	七○	五○	五○	九○	九○
七○		七○	参○	参○	七○	六○	七○	九○	八○
二○		二○	参○	九○	七○	乙○	乙○	○○	四○
八参		八参	参参	四○	七○	七○	四○	二○	乙○
二参		二参	参参	九○	七○	乙○	二○	八○	二○
参参		参参	参参	○●	七●	二●	八●	参●	六●
四参		四参	参参	乙○	七○	参○	五○	七○	九○
七参		七参	参参	四○	七○	六○	七○	九○	八○
七参		七参	参参	四○	七○	六○	乙○	五○	四○
六五		六五	参参	参乙	七乙	五○	四○	乙○	乙○
九乙		九乙	参参	六七	七七	八○	二○	五○	二○
四乙		四乙	参参	乙七	七七	参○	八○	五○	六○
七乙		七乙	参参	四七	七七	六○	五○	乙○	九○
九乙		九乙	参参	六七	七七	八○	七○	乙○	八○
五乙		五乙	参参	二七	七七	四○	乙○	参○	四○
九二		九二	参参	六八	七七	八乙	四乙	四●	乙●
五二		五二	参参	二九	七七	四乙	二乙	乙○	二○
八五		八五	参参	五二	七七	七四	八四	九○	六○
七参		七参	参参	四○	七七	六二	五二	○○	九○
五九		五九	参参	二六	八七	四八	七八	七○	八○
強六		強六	強参	強参	弱七	強五	強五	強○	強○

『綴術算経』（国立公文書館蔵）

平成十七年（二〇〇五）、賢弘が円周率自乗の公式を発見した時の肉声が記された『弧背截約集』が、東京理科大学の横塚啓之によって発見された。

「右の術を以て背冪を求むるに截碎《せっさい》の法を用いず、直に真数を得ること掌《たなごころ》を指すが如し。弧背造化の数を得たりと謂うべし。享保七年 壬寅《みずのえとら》正月十三日忽然《こつぜん》として会し得たり」

円理が目の前に突然姿を現したことを書いたのに続けて、次のように書いている。

「嗚呼《ああ》、誰在りか此妙を語らん。賢明、世《いま》に在せば甚だ称美し玉はんことを」

賢弘は、自分の数学の才能を愛し、終生称賛と激励を続けてくれた兄・賢明に、真っ先に報告し、褒められたかったのだ。

第五章　有馬頼徸（一七一四〜一七八三）——大名数学者の秘伝公開

関流の免許制度

先に述べたように、関孝和《せきたかかず》は自分の創始した数学を関流と呼んだことはないし、自分の名前を残そうともしなかった。

しかし、彼を慕い尊敬する和算家たちは関流を名乗り、独自の免許制度を持つ流派を形成した。

関流では、最高位の門人を関流宗統《そうとう》と呼び、各代の宗統は順番に第何伝と称した。第一伝荒木村英《むらひで》、第二伝松永良弼《よしすけ》といった風である。本来であれば、建部賢弘《たけべかたひろ》が第一伝であるべきだが、もともと賢弘は流派形成などには関心がなく、関流関係者との縁も薄く、七十歳近くなって松永良弼に天文暦学や円理を教えた程度である。

関流の免許制度を確立したのは、第三伝の山路主住《やまじぬしずみ》だと言われている。

山路主住は、関孝和の数学を日本の数学の正統として伝えていきたいと考えていた。そこで参考にしたのが、剣術の流派や免許制度、芸事の家元制度などであった。数学は、古来中国においては、身分ある者の基本教養とされた六芸《りくげい》「礼・楽（音楽）・射（弓術）・御（馬術）・書・数」の一つだったから、山路の着眼は決して奇抜とは言えない。

こうして、関流には五段階の免許制度が創られた。下位から順番に、見題《けんだい》、隠題《いんだい》、伏題《ふくだい》、別《べつ》

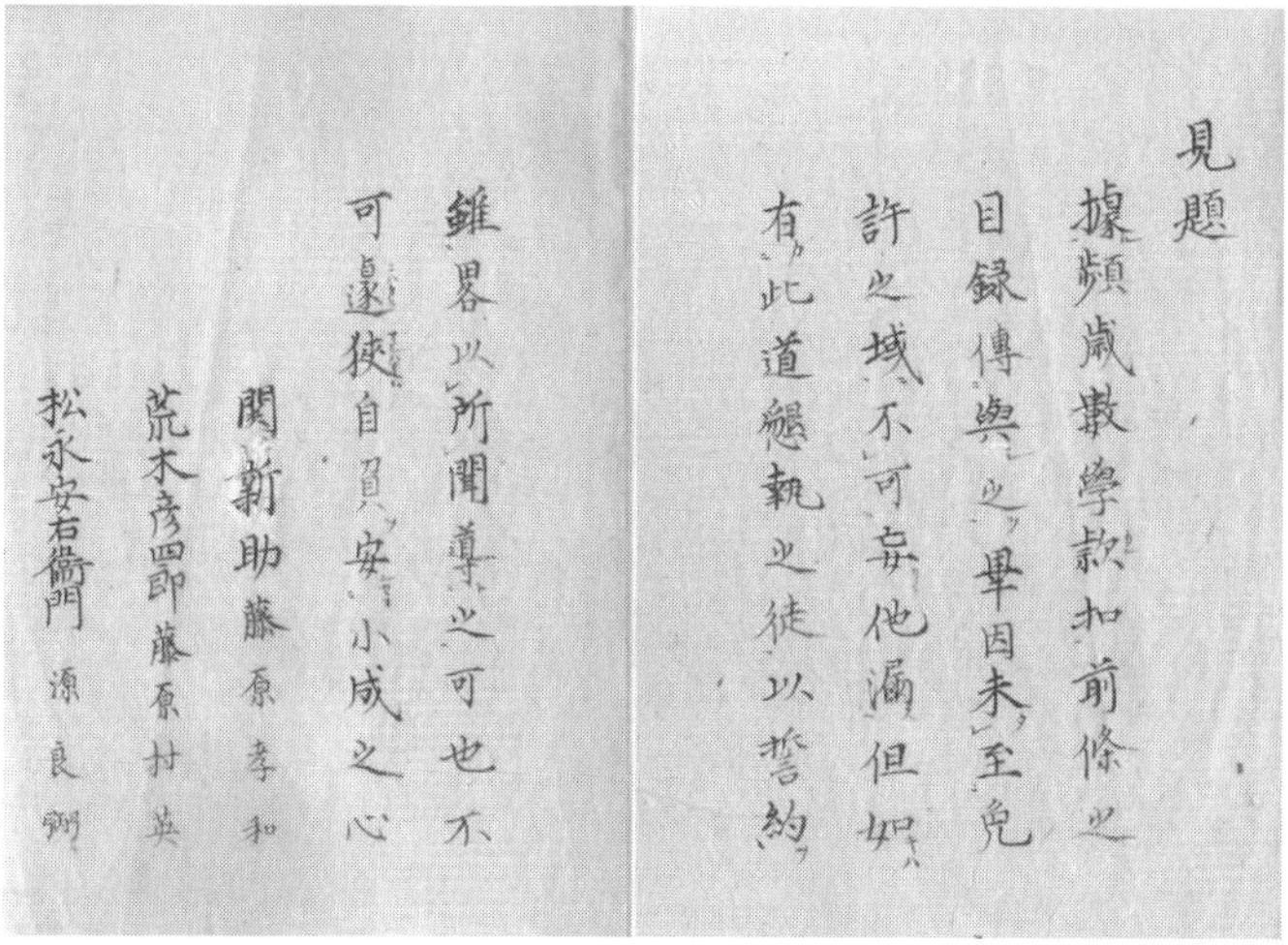
見題
拠類歳数學款和前條之
目録傳與之畢因未至免
許之域不可妄他漏但如
有此道懇執之徒以誓約
雖畧以所聞尊之可也不
可遽徒自負安小成之心
関新助藤原孝和
荒木彦四郎藤原村英
松永安右衛門源良弼

関流の見題の免許状「関流算法見題之傳」(「和算の館」ＨＰより)

伝《でん》、印可《いんか》という。そのレベルに到達したと認められた弟子には、巻物の形をした免許状が与えられた。

　免許状には、習得した算法の内容、それを他へもらさないことを神に誓う起請《きしょう》文、そして師弟関係にあった和算家の名前が並び、最後は免許状を与えた者の名前である。必ずしも宗統の系列だけが列挙されるわけではなく、そこまでの実際の師弟関係も明記される。免許を授けた和算家は、弟子からまとまった礼金をもらったようだ。

　山路の狙い通り、この免許制度は関流の権威を高め、また入門した者たちの励みとなった。これ以降、関流は和算界の最大勢力として君臨し、和算の発展をリードしていくことになる。その意味で、関流の免許制度は、算額奉納や遺題継承などと同様に、和算を広め、また日本独自の文化に押し上げることに貢献した仕組みのひとつと言える。

しかし、この制度には大きな弊害もあった。関流数学の奥義を至高のものとして、秘密主義をとったことである。学問としての発達や新たな発想の誕生のためには、情報の公開と研究者同士の交流がきわめて効果的であるが、関流はそれを制限してしまったのだ。

純粋な知的好奇心から和算に惹かれた人間からすれば、このような「学問の囲い込み」は自由な研究を阻害する「悪」以外の何ものでもない。

その後、関流の秘密主義に反抗する和算家が次々と現れたのは必然であった。

最初に関流の秘密主義に公然と反旗をひるがえした和算家は、皮肉なことに、山路の直弟子であった。しかも、ただの弟子ではない。久留米藩二十一万石の藩主、大名数学者として知られる有馬頼僮《よりゆき》である。

久留米藩主になるまで

有馬頼僮は、正徳四年（一七一四）十一月二十五日、久留米城で生まれた。父は久留米藩六代藩主則維《のりふさ》である。頼僮は四男だったが、生まれたとき既に長男、次男はこの世になく、三男も頼僮が五歳のときに死んでしまった。藩主の座は、兄たちが夭折《ようせつ》したため回ってきたものであり、運命のなせる業だった。

父則維は、藩内のゆるんだ封建的秩序を回復しようと、思い切った藩政改革に取り組んだ。

自ら藩政を取り仕切るため、家老たちによる合議制を廃止するなど、専横的な手法も辞さなかった。

そのような則維から見れば、活発さがなく、『塵劫記《じんこうき》』の問題を解くことに夢中になっている頼徸は、頼りない息子に見えたろう。五男の則恵《のりしげ》が成長するにつれ、何の過失もない頼徸を廃嫡《はいちゃく》して、則恵を世子にしようとした。この時は、家老・稲次因幡《いなつぐいなば》が武家において長幼の序を守ることがいかに大切かを諄々《じゅんじゅん》と説いたので、頼徸は何とか廃嫡を免れたのだった。

有馬頼徸像（福聚寺蔵）

享保十四年（一七二九）、領内で発生した大きな一揆の責任を取る形で致仕《ちし》した則維の跡を継ぎ、頼徸は十六歳で第七代藩主となった。

しかし、既に数学の魅力にとりつかれていた頼徸には、理想の藩政を実現しようなどという気持ちはなかったかも知れない。実際、頼徸の在任中も久留米では大きな一揆が起こるなど、藩政は決して安定したものとは言えなかった。政治をほったらかしにして、趣味の数学に没頭していたのではないか、といった見方をされることもあるくらいだ。

山路主住から数学を学ぶ

頼徸の代表的な著書である『拾璣算法《しゅうきさんぽう》』の序文には、幕臣の山路主住に入門して数学を学んだと書いてある。

入門した時期ははっきりしないが、山路が御徒士組《おかちぐみ》として幕府に出仕したのは二十一歳のときで、そのとき頼徸は十一歳だった。早ければ、この頃から山路は頼徸の個人教授になっていただろう。

そのころ久留米では、毎年のように自然災害が発生し、多くの領民が飢餓に苦しみ、藩財政は困窮の度合いを増していた。野心的な父の則維は、江戸と久留米を参勤で往復しながら、藩主として対策と藩政改革に追われていた。江戸で頼徸をかまっている余裕はなかった。

子供心にも自分が父に疎まれていることを察していた頼徸は、江戸で数学に急速にのめりこんでいったのではないだろうか。

そして、頼徸が藩主になった後も、則維は実権を手放そうとしなかったから、頼徸は藩政に口を出すことができなかった。時間と気力と体力を持て余していた頼徸はますます和算に没頭し、九年後に則維が亡くなるころには、もう病膏肓《やまいこうこう》に入《い》るといった状態になっていた。

好敵手登場

話を少し戻して、藩主になった直後、頼徸は師である山路主住から興味深い話を聞いた。磐城平《いわきたいら》藩主・内藤政樹《まさき》が浪人の久留島《くるしま》義太《よしひろ》を召し抱えたというのである。江戸で数学塾を開いていた久留島義太は、知る人ぞ知る隠れた天才数学者であった。天才にはよくいる奇矯《ききょう》の持ち主で、身の回りのことや財産に執着が全くなく、無類の酒好きで、さらに詰将棋作家としても知られていた。義太を家来にした内藤政樹は二十八歳で、頼徸と同じ数学好きだということもわかった。

一流の数学者を家来にして常にそばに置く――藩主の座を手に入れても大した感慨を抱かなかった頼徸だが、このアイディアには大いに興奮した。さっそく山路主住に相談すると、関流の数学者・荒木村英の一番弟子だった松永良弼の名前が出てきた。

松永は山路の師で、久留島に勝るとも劣らない優れた数学者だという。しかも松永は、姓名を変えて過去を隠しているが、もとは久留米藩の侍だったこともわかった。どんな事情があったかは知らないが、こうなると頼徸は、松永を何とかして久留米藩に再仕官させたいと思った。

しかし、藩政の実権を握っているのは則維だったから、頼徸のわがままを聞いてくれるとはとても思えない。そうこうしているうちに、二年後の享保十七年（一七三二）、内藤政樹は、久留島義太だけでなく、松永良弼までも召し抱えてしまったのである。頼徸としては、まさに鳶に油揚げをさらわれたような気分だった。

久留米藩有馬家は外様《とざま》大名だが、二十一万石で従四位下《じゅしいげ》の大広間詰である。それに対して磐城平藩内藤家は譜代《ふだい》大名だが、七万石で従五位下《じゅごいげ》の帝鑑間詰《ていかんのまづめ》である。大名の家格としてみれば、有馬家の方が上である。山路主住から内藤政樹の話を聞いたときは、同じ大名の中に同好の士がいることを嬉しく思った頼徸だったが、松永の一件以来、政樹に対して敵愾心《てきがいしん》を燃やすようになった。

師匠との対立

久留米藩の独裁者だった父の則維が死んだのは、元文三年（一七三八）のことである。頼徸は二十五歳になっていた。やっと父に気兼ねすることなく、政務を執行し、好きな数学を堂々と研究できるときがきた。

翌元文四年には、関孝和の一番弟子と目されていた建部賢弘が死んだ。建部亡き後の、和算界の最高峰は、内藤政樹が召し抱えている松永良弼か久留島義太のいずれかだといわれていた。しかし、この前年に磐城平藩全域で大一揆が勃発しており、藩主の政樹は和算どころでなくなっていた。

頼徸からすれば、いよいよ日本一の大名数学者の地位をライバルから奪う絶好機である。師事してきた山路主住の助けは無論必要だが、自らの数学の実力を広く天下に知らしめたいと考えた。実際、頼徸の実力は、この時点で大名の趣味の領域をはるかにこえていたのである。

しかし、本章のはじめに述べたとおり、関流の権威付けに力を入れ始めていた山路は、奥義というものは、たとえ弟子であっても、知りたがっているという理由だけで伝えるべきでない、と考えていた。たとえ伝えるにしても、それを無闇に他人にもらさないことを約束させた上で伝える必要があると考えていた。ましてや、頼徸のように自分が学んだ数学の奥義を、天下に広く知らしめてしまおうなどというのは言語道断であった。

しかし、頼徸に、そんな山路の考えがわかるはずもなかった。弟子といっても、久留米藩二十一万石の藩主である。

山路は、ライバルに勝つため功を焦る頼徸を、次第に警戒するようになった。頼徸の質問にも、「教えられぬというわけではないが、まだ早うござる」などと婉曲的な言い訳をして、なかなか答えようとしなかった。

頼徸は頼徸で、そんな山路の態度に不満を募らせるようになった。長年師事してきた山路との間に隙間風が吹き始めていた。

延享元年（一七四四）、松永良弼が死ぬと、関流の最高位は自分だという自覚と責任で、山路の頭はますます保守的になった。

翌延享二年、将軍吉宗から改暦の命令が下った。西洋天文学を用いて、貞享暦に代わるより精度の高い暦法を導入せよ、というものだった。数学の実力者である山路にも、天文方《てんもんかた》から内々の協力要請があった。

山路にとっては、ひたすら上達してそれを天下に示すことしか頭にない頼徸と距離を置く、絶好の機会でもあった。山路は頻繁に牛込の天文台に出かけるようになった。

ところが、山路との距離が出来たのを幸い、頼徸は一気呵成《いっきかせい》に数学書の著述に取り組みだす。改暦の命令が出た年の著作は『初学天元門』だけだったが、翌延享三年（一七四六）には、角術の書である『求径要法』、平方式以上、高乗式をそろばん上に施す法である『開方算盤術』、円周、円積、楕積及び各球、各形体における法術である『諸術奇鑑』、『粟布門』、『環錐解術』、『招差五条伝』、『垜法明解』、『求積詳解』、『天元角形門』、『求積起率』、『截積伝』、『角形図解』などである。

さらにその翌年、延享四年（一七四七）には、関孝和の遺稿「開方の理」を詳しく解説した『開方蘊奥』や『点竄探矩法』、『大成算経続録解義』を著した。すさまじい執筆速度であるが、その内容はいずれも師の山路から学んだことをまとめただけである。

山路は、これらの著述を出版したいと訴える頼徸に、思いとどまるよう説得するだけで精一杯だった。

藩主としての不名誉

寛延元年（一七四八）、山路は正式に天文方の補暦之御用手伝に任命されると、天文方の業務と関流の継承制度作りを優先し、有馬頼徸の指導はほとんどしなくなった。

山路との接触が減った頼徸は、新しい師を求めていた。

そして、頼徸はようやく念願の数学者を召し抱えることになった。山鹿《やまが》流の軍学者でもあった入江修敬《いりえのぶたか》である。当時五十一歳だった入江は、京都で中根元圭《げんけい》から教えを受け、天文暦学にも通じていた。寛延二年（一七四九）六月、入江は儒臣として家臣に加えられた。俸禄は二百石である。

著名な学者を召し抱えたことで、頼徸はやっとライバルと目していた内藤政樹と肩を並べた気がしたが、その政樹は二年前に日向国《ひゅうがのくに》延岡へ転封《てんぽう》になっていた。政樹は、延岡まで久留島義太を伴ったが、政樹自身の数学趣味は急激に萎えてしまったらしく、その後は数学的な業績をほとんど残さなかった。

一方、頼徸は数学者としての活動に力を入れ過ぎたためだろうか。宝暦四年（一七五四）、父の則維を襲った享保一揆と同じような、いや、それ以上に大規模な一揆が発生してしまう。宝暦一揆である。

藩財政を改善するため、その年の閏二月に、藩士、百姓、町人、神官、浪人からその子供にいたるまで、八歳以上の男女すべてに人別銀という名の人頭税を課したのがきっかけだった。領内全域に人別銀に反対するむしろ旗が上がった。各地の野原や河原に数千から数万人規模で百姓らが集まり、各地で打ちこわしが発生した。

参勤で江戸に滞在していた頼徸に代わり、家老の有馬石見《いわみ》の指揮のもと、一揆はふた月余りで鎮圧されたが、その決着のつけ方は非情だった。首謀者ら三十七名が死罪となり、さらに郡や村から追放者が多数出た。

この一件は頼徸の心にも重い傷を残し、さすがの頼徸もその後しばらくは数学書を開くことができなかったという。

和算史に残る名著

一揆騒動から十年の月日が流れ、頼徸も五十代になった。しかし、頼徸の数学にかける情熱にいささかも衰えはなかった。ただし、若い頃は自らの実力を天下に知らしめたいという功名心に駆られたが、今ではただ学問を究めたいという純粋な知的欲求だけを感じていた。そして、日本の数学の発展のためなら、関流の奥義でも公開すべきだと、強く思うようになっていた。

明和六年（一七六九）、関流数学の奥義を含んだ『拾璣算法』全五巻が出版された。この本は架空の久留米藩士豊田文景の著書として刊行されたが、頼徸の著述であることはじきに知れ渡った。頼徸の著述は四十冊余りが知られているが、正規に出版されたのはこの『拾璣算法』だけである。当時、頼徸は五十六歳。この名著により、有馬頼徸の数学者としての名は不滅になった。

なお『拾璣算法』では、著者の師が山路主住であることも明らかにされている。そして、皮

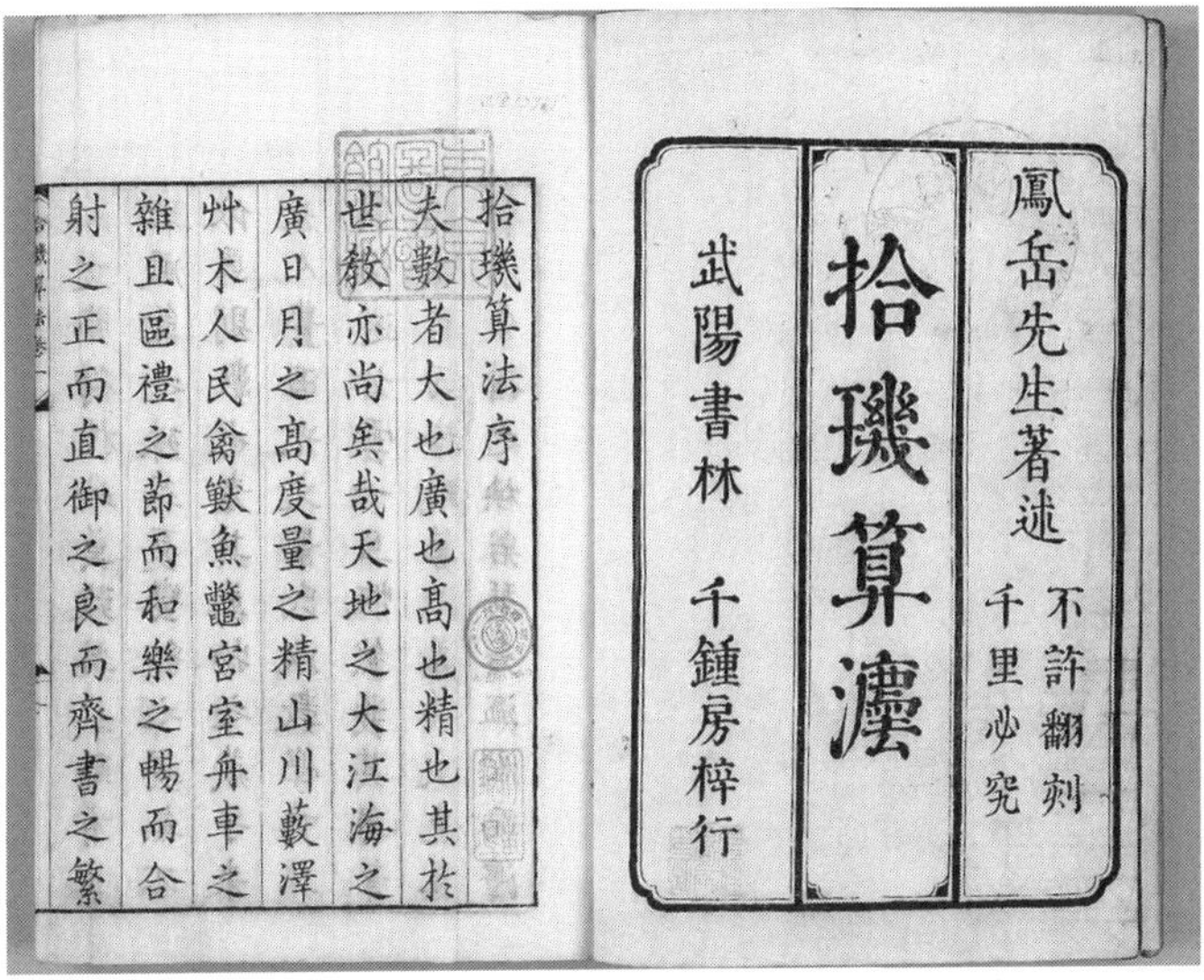

架空の人物の著述として刊行された『拾璣算法』（国立国会図書館蔵）

肉にも、点竄術《てんざんじゅつ》や円理の公式など、山路が守ろうとしていた奥義は、ことごとく網羅されていた。

　しかし山路は、異を唱えたくてもできなかった。当時、天文方に就任していた山路は、頼徸の出版に係わり合う時間も余力もなかった。当初関係した改暦は、吉宗の逝去もあって、京都朝廷陰陽寮に主導権を握られ、不正確な宝暦暦《ほうりゃくれき》によって改暦がなされていた。したがって、天体現象との差が大きく、山路らはその修正に全力をあげていたのである。

　とは言え、『拾璣算法』は多くの数学研究者にとって益多い本であり、苦虫を噛みつぶしていたのは山路だけだったかもしれない。

　頼徸自身、山路や関流に喧嘩を売るつ

もりは毛頭なかった。『拾璣算法』を刊行した後も、以前と変わることなく彼らとの交流を続けている。

天明元年（一七八一）、関流の藤田貞資《さだすけ》が、これも数学を学ぶ者にとって必携ともいうべき名著『精要算法』を出版した。その書名を決めたのは有馬頼徸だった。入江修敬が高齢になっていたこともあり、『拾璣算法』を出版する前年、頼徸は山路の門人である貞資を家臣に加えていたのである。

天明三年（一七八三）十一月二十三日、頼徸は久留米で没し、歴代藩主の菩提寺梅林寺《ばいりんじ》に埋葬された。享年七十だった。

その治世は五十四年と異例の長さに及んだが、大名数学者としての名声に反し、為政者としての評判はあまり芳しくなかった。

頼徸の名誉のために補足しておくと、宝暦一揆が起こるまで、藩主として何もしていなかったわけではない。同時代に為政者として範を垂れた将軍吉宗を見習おうと、頼徸も努力した。家老らによる合議制を復活させ、領内には吉宗を真似た目安箱を設置した。

最晩年のことになるが、天明三年、上妻郡の百姓だった儒学者高山畏斎《たかやまいさい》を招いて、両替町に初めての学問所を開いた。これは藩校の起源となった。

頼徸なりに善政も敷いたが、やはり数学にかける情熱が勝っていたからだろう。不朽の名著『拾璣算法』とともに、異色の大名数学者として語られることが多い。

第六章　会田安明（一七四七〜一八一七）——純粋で過激な数学愛

関流に挑んだ男

最上流《さいじょうりゅう》をおこした会田安明《あいだやすあき》は、関流と壮絶な数学論争を繰り広げたことで知られる。「算聖《さんせい》」関孝和《せきたかかず》が亡くなってから約八十年、山路主住《やまじぬしずみ》が免許制度を確立して以降、関流は当時の和算界では圧倒的な主流派となっていた。その関流に会田安明はたった一人で立ち向かったのだ。

その闘争心は尋常ではない。関流と論争を始めたとき、安明は三十九歳だったが、それから七十一歳で死ぬまでの三十二年間に、なんと二千冊を超える著作を残した。これも最上流が関流よりも優れていることを示さんとする執念のなせる業《わざ》であった。もっとも、関流との争いは途中から泥仕合の様相を呈していたから、すべての本が数学書として高い水準にあったわけではない。しかし、関流の点竄術《てんざんじゅつ》を改良した天生法《てんしょうほう》を編み出して、これまで解くことが出来なかった未知数が分母になるような係数の方程式を解けるようにしてしまうなど、その和算家としての実力は本物であった。

秘密主義に走った関流とは対照的に、安明はどんな奥義も惜しげなく著作で公開し、それを写し取ることを許した。さらに弟子たちに諸国で最上流を伝えることを奨励したので、最上流は瞬く間に関流に対抗するほどの一大流派となった。関流の奥義独占を突き崩し、和算の敷居を低くし、間口を広くした最上流の流儀は、その後の和算文化の隆盛に大きく貢献した。

では、会田安明は、いったいなぜ関流に数学論争を挑んだのであろうか。その特異な人間性や人生観に焦点を当てながら、その答えを探ってみたい。

会田安明像（山形大学附属博物館蔵）

会田安明の生い立ち

安明の父は出羽国《でわのくに》前明石《まえあかし》村《むら》の内海家の長男で重兵衛といったが、農業を嫌って山形城下七日町《なのかまち》へ出てお金で会田家の養子に入った。

安明はその会田家で誕生し、重松《じゅうまつ》と名付けられた。

子供の頃は、腕っ節の強いガキ大将だったようだ。たった一人で、隣町の大勢の子供らを相手に喧嘩もしている。このときは狭い路地に逃げ込んで一度に大勢と戦わない工夫をするなど、腕力だけでないところも見せている。相撲もとったし、泳ぎもたくみだった。

重松は宝暦十二年（一七六二）の春、十六

歳のときに剣術と棒術を習うため岡崎安之に入門するが、たまたま岡崎が数学も教えていたため、重松はここで初めて数学と出会うことになった。

数学は重松の性に合った。上達の速さは目を見張るほどで、わずか二年で師から学ぶものがなくなってしまった。数学に夢中になり過ぎて、本来の目的だった剣術や棒術は上達しなかったらしい。

早くも十九歳で『算方名集』、『統宗算法記』、『無極演段集』を、二十歳で『鉤股弦妙矩《こうこげん》』、『太極天元記』を、二十一歳では『算法指南書』、『具応好術記』を書いている。すでにこの頃から筆の速さは際立っていたようだ。

師の岡崎安之から雅丈先生という名前をもらって師範代を務め、さらに安旦《やすかつ》という名前までもらった。

近隣に自分を上回る数学者がいなかったため、安旦は天狗になった。そして、日本一の数学者になることを夢見て、会田安旦として江戸へ出た。

普請方としての活躍

日本一の数学者になるにしても、その前に生きて行かねばならない。出羽の天狗がいきなり江戸で数学塾を開いて暮らしていけるわけがない。

御家人鈴木家の養子に入った会田安旦は、鈴木彦助と名乗り、幕府の普請方《ふしんかた》として勤めることになった。普請方の業務は、灌漑用の水路、堰《せき》、堤防などを調べ、工事費用を見積もることである。

時はまさに田沼時代。老中田沼意次《おきつぐ》といえば、賄賂《わいろ》政治が有名過ぎて、ただ私腹を肥やすことばかり考えた悪人のように思う人がいるが、実はかなり進歩的な政治家であった。

田沼意次の政治の狙いは、封建制度の弱点である武家の収入（年貢）の限界をなくすことにあった。太平の世が続くと、人々の暮らしは贅沢になる。人口も増加する。それにつれて、士農工商の最下層だったはずの商人が経済力をつけ、逆に、気候によって著しく減収することもある年貢収入に頼っていた侍たちは困窮するようになってきた。武断政治から文治主義になり、まさに「武士は食わねど高楊枝《たかようじ》」を実践するしかなかった。

それまで武家の収入を増やすといえば新田開発が専らであったが、田沼意次は重商主義へと政策を転換させる。物資の流通や交易を盛んにするため、利根川筋から江戸への利水工事が積極的に推進された。ロシアとの交易や開拓の可能性を探るため、蝦夷地《えぞち》の調査も企画された。

最上徳内《もがみとくない》、近藤重蔵《じゅうぞう》が活躍したのもそういった背景があった。

会田安明は、関東地区、利根川筋、印旛沼《いんばぬま》や手賀沼《てがぬま》周辺での水利工事に、深く関わった。少し長くなるが、安明の普請方時代の仕事ぶりを、彼の自伝である『自在物談』からいくつか抜書きしてみよう。多少の誇張があるかもしれないが、かえって安明の人となりが見えてくるはずである。

『自在物談』巻之中　二十四、御普請積り六七人前勤めし事から

関東筋の河川の御普請見分のとき、私は山田氏、荒堀氏と三人で江戸を出発した。山田氏は老巧の人だが見積もりは得意ではなく、荒堀氏は若くて初めての任務だった。

山田氏と手分けしてやることにし、二手に分かれたが今回ほどの激務はまれだった。毎日未明から出発し、天候にかかわらず、日の暮れるまで見分した。夜も遅くまで見積もりをした。しかし私は覚悟の上だったので、少しも疲れるということがなかった。

さて山田氏と落ち合ってみると、私に向かってさんざん恨みごとを言った。「むごい分担割合を押し付けるものだから、朝は未明より宿を出て、昼飯をつかう時間がないので、移動中に駕籠の中で食べ、休憩もできなかった。夜は夜で松明《たいまつ》の灯りで野帳《やちょう》（野外でつける測量記録）を整理した。今あらためて見れば、見積もるべき樋《ひ》類（用水や悪水《あくすい》の流れを制御する管や堰や圦樋《いりひ》とも呼ぶ水門の類）の総数は二百余艘分もあるが、一艘分もできていない」と。

それに対して私は、自分だけ楽をしていたのではない、これこのようにあなたの倍々の見分をし、見積もりもすべて出来たと答えた。

すると山田氏は、それは信じがたいことだ、野帳をつけるだけでも相当な分量がある、

いくら達者でもわずかな日数でできるはずがない、と言った。

私は、野帳は全くつけない、見分した結果はすべて暗記しておき、いきなり見積もりをするのだ。その日の見分はその夜に見積もってしまうので、寝る時間はほとんどないが、それで出来たのだと説明したら、山田氏は、かねて算術の達人とは知っていたが、これほどの働きをするとは感心したと言った。しかし、そちらがすべて終わっていてもこちらは一艘分も出来ていないので、とても期日までに間に合わない、手伝ってくれないだろうかとしょんぼりと言った。

そこで私は、本来御用は一体である。分担したからそちらのことは知らないということはない、これからは一緒にやろう、野帳を全部出してくれと言ったら、山田氏は大いに喜んだ。

樋類の見積もりは面倒なもので、普通の人は一日に一艘分、達者な人でも二艘分、三艘も見積もる人は稀である。荒堀氏の父上は名高き名人で、一日に五、六艘も見積もったが、これは実に稀なことだ。

私は毎日十二、三艘ずつ見積もった。

後から応援に来た石川氏が、それを不思議に思って聞いてきた。樋類の見積もりは書類に書くだけでも大変だ。一艘の紙数を十枚平均としても、十二、三艘といえば百二、三十枚になる。さらに見積もるためには計算でも相当に手間取るはずだ。貴殿の方法はどのようなものか、教えて欲しいというのである。

これは算術の力がなければできないことだ。

書物を筆写する場合、原本を見て振り返り振り返り書くので、一日に七、八十枚くらいしかできない。見積もりでは写すべき原本がなくただ書くだけだから、筆の運びは速く滞ることがない。

見積もり方法はと言うと、樋の長さ十間、内法《うちのり》横二間、高さ一尺、堤の高さ一丈二尺にするときは、先ず、必要な諸道具のみ書いてしまう。そして、書き落としがないか見返す。次に計算だが、材木の尺〆《しゃくしめ》（木材の体積の単位）は尺〆のみをして、見返す。積も積だけをして、見返す。板坪も同様である。

このように見積もるとき、私はそろばんを使わない。すべて暗算である。しかも算術の力が十分あるので、樋類の見積もりは二分ほどの力でできるから、八分ほど余ることになる。この余った力を使ってまた見積もりをするので、少しも疲れない。一日に十二、三艘ずつ楽に出来る。

これを聞いて石川氏は、それは貴公だからできることで、自分はもとより天狗でも真似できないことだろう、と大いに感服した。


『自在物談』巻之中　二十六、関本村百姓騒動之事から

関東筋の川の大御普請の時のことである。

私は鬼怒川筋の担当だった。総額一万両ほどの工事にあたったのは御勘定方一人、御普請方六、七人で、私はその末席だった。

鬼怒川筋で特に問題なのは関本村である。三千石余で三十に地域が分散していて不取締りの村である。今回も堰止めや新たな川の掘削など千両余りの規模になるはずだった。

ここは、以前から大きな普請工事があるたびに騒動があった。当時問題を起こした村役人は現在平百姓になっていて、騒動の火種はそこにあった。私はひそかに昔のことを詳細に調べ上げていたが、私の持ち場となった。

最初にしたことは私欲を起こさせないことだった。まず人足の手間賃の割合を公明正大にしようと考え、村役人を呼び出して割合の法を提出させたところ、村役人だけでなく小《こ》前《まえ》の者も含めて相談した結果を持ってきた。それを見れば、手間賃の割合は働いた日数に応じて支払う基準だが、名主は三人前、組頭は二人前、小前は一人前で、もし過不足があった場合は銘々の日数と割合で分配するとなっていた。そこで小前も含めて全員から請け印をとった。これなら騒動は起こらないはずだったが、問題はかつての役人どもだった。彼らは騒動を起こしてまた村役人（割合の良い組頭など）を勤めたかったのだ。

正月四日の夜、彼ら五人が早鐘をついて村中の百姓を集めて何かを訴えた。

隣村に宿をとっていた私は、翌日知らせがあったので飛んで行き、彼ら五人を呼んで問いただすと、最初は特に申し立てることはない、心配かけて申し訳なかったと言っていたが、さらに厳しく吟味したところ、次のことを言った。どうやらそれを村中の百姓に訴えたようだ。

村役人は御普請の仕様帳（工事の内容と費用の見積もり帳）を押し隠して百姓に見せていない（から、手間賃のことで不正がある）、と。

そもそも仕様帳には秘密の取り決めがある。見せないのが定法《じょうほう》だが、見せなければ差支えがあって見せればうまく行く場合は内々に見せてもかまわないことになっている。

また、積帳（見積もり帳）というものはさまざまなことを見込んで見積もったものなので、場所によって誤差が出るものだ。七、八十人でできる場所と百二、三十人もかかる場所があって平均して百人と見積もるのである。

関本村のように騒動が起こりやすい村方に対して、この仕様帳を見せて、七、八十人で仕事を請けさせて百二、三十人かかれば、必ず騒動になる。だから、治安のよくない村方へは見せないのが良いのだ。

私は五人どもへ、次のように申し渡した。御普請仕様帳は村役人へは見せていない。我々が工事測量して見積もった通りに仕事をするのが定法である。工事が完了したら見分するから、お前たちも来い、間違いなく出来ていれば出来形印形をとる。言いたいことがあれば、そのとき聞いてやる。それまではお前たちも村方役人も仕様帳は知らなくてよい。するど五人は恐れ入って謝ったので、騒ぎを起こしたことは咎《とが》めず、その日はそのまま帰した。

ところが、これで決着したはずなのに、五人の元村役人どもは、御奉行所へ直訴し、さらに上へ（御勘定所へ）直訴するため江戸へ出立したという。

これは私のかねて予想したとおりのことなので、少しも騒がず、かえって彼らの不在中は妙な動きもなく幸いであるから、その間に油断なく仕事を仕上げるように伝えたところ、格別に出精《しゅっせい》して仕事は非常にはかどった。

その後、御勘定組頭が関東筋の川普請の完成具合を見分に回ってきたとき、訴え出た五人や村役人らを呼んで話を聞いた。私は川下の村々で仕事をしていたので、宿へ戻った組頭のところへ出向いて、質問に答えた。

そこで、過去を含めて関本村での経緯を説明し、特に手間賃の割合を小前百姓にいたるまで事前に決めたことやその請け書を見せて説明すると、組頭は大いに満足し、お褒めの言葉もあった。

実は、訴えを聞いた組頭は、これは掛の者の不取締りがあったに違いないから、交代させなければならないと思っていた。ところが、私の話を聞いて納得したため、その必要がなくなったのだ。

そして、今後は鬼怒川筋のことは私に任せるので精一杯務めるようにと言われた。これにより、自分は末席の身分ではあるが、以後頭取役を務めることになったのである。

こうして関東筋の川普請がすべて終わって、担当者がすべて帰府した後、御普請金の割合のことなどで争いごとが起き、ほとんどの村から出訴があった。ところが、私が担当した鬼怒川筋では争いごとは起きなかった。

『自在物談』巻之下　三十五、関東大洪水之事から

手賀沼の普請工事も九分通り完成したと思われる頃、関東大洪水があった（これは天明六年（一七八六）七月中旬のことである）。

下利根川の堤を守っていたとき、川向こうの布川村《ふかわむら》の堤が百間余決壊した。ここが切れたら、広い平地へ水が流れて、下利根川の水かさは大きく減るはずである。確かに決壊直後に三寸ばかり減り、これならそのうち四、五尺も落ちていくだろうと思っていたら、たちまち元の水かさに戻ってしまった。これにより私は、すでに関東すべてが大洪水になっていることを悟った。

結局、私が作ったまけ俵の新堤はもちこたえたが、方々の堤が決壊し、手賀沼の普請所の多くが破損した（実際、手賀沼だけでなく印旛沼の水路開削工事は壊滅的な大打撃を受

けた）。

ここまで『自在物談』を眺めてみると、会田安明がかなり有能な幕吏であったことがわかる。多少誇張や作り話があったかもしれないが、仕事に得意の数学を存分に生かしていたことは間違いないだろう。しかも、現代の経営学にも通じる、人間に焦点を当てたプロジェクトマネジメント能力も見て取れる。

しかし一方で、過剰なまでの自負心の強さには辟易させられる。本質的なことを好み、矛盾や無駄を嫌い、正確さを求める性格は、年功序列や中庸《ちゅうよう》を重んじる上司や同僚からは煙たがられたに違いない。相手が間違っていると思えば、たとえ上司であろうと関係なかった。いや、むしろ相手が権力者であればあるほど、闘争心を掻き立てられる性格なのだ。よく言えば、強きをくじき弱きを助ける正義漢であるが、一歩間違えれば唯我独尊で粘着気質のクレーマーになりかねないタイプである。

こういった彼の性格が、和算史に残る大騒動を引き起こす大きな要因になったのは間違いない。

数学論争の発端

江戸へ出て十二年目、普請方としての仕事にも熟達していた天明元年（一七八一）は、会田安明にとって重要な年である。

この年の五月、関流の藤田貞資《さだすけ》が『精要算法』全三巻を出版した。

藤田貞資は三十五歳の安明より年長の四十八歳である。大名数学者として有名な、久留米藩主有馬頼徸《よりゆき》の数学指南役にもなっていた。関流宗統は安島直円《あじまなおのぶ》が第四伝となっていたが、名声は貞資の方が上だった。

安明は『精要算法』を入手し、内容を見て驚嘆した。評判が高くて弟子も多いことから、もともと貞資を優れた教育者だと思っていたが、その著『精要算法』は、これまで読んだことのある算書の中で間違いなく随一のものだった。入門するなら藤田貞資をおいて他にない、と安明は思った。思い込めば一途《いちず》な性格である。

その年の十二月、安明は愛宕山《あたごやま》の神社へ算額を奉納した。算額とは、和算家が自分で考えた数学の問題や解法を書いて神社仏閣に奉納した絵馬である。数学の問題が解けたことを神仏に感謝するとともに、今後の数学の上達を祈念するためのもので、十七世紀半ば頃から全国に広まった習慣である。一方、自らの数学力を周囲に誇示する意味もあった。一種の研究発表である。安明は自信作を手土産に貞資の門を叩こうとしたのだ。

いつ安明が貞資に入門を申し込んだかは明らかではない。算額奉納からあまり月日が経過していなかったとすれば、翌天明二年の早い時期だったろう。

紹介は同じ普請方として河川を測量して歩いた神谷定令《ていれい》に頼んだ。定令は以前から藤田の門

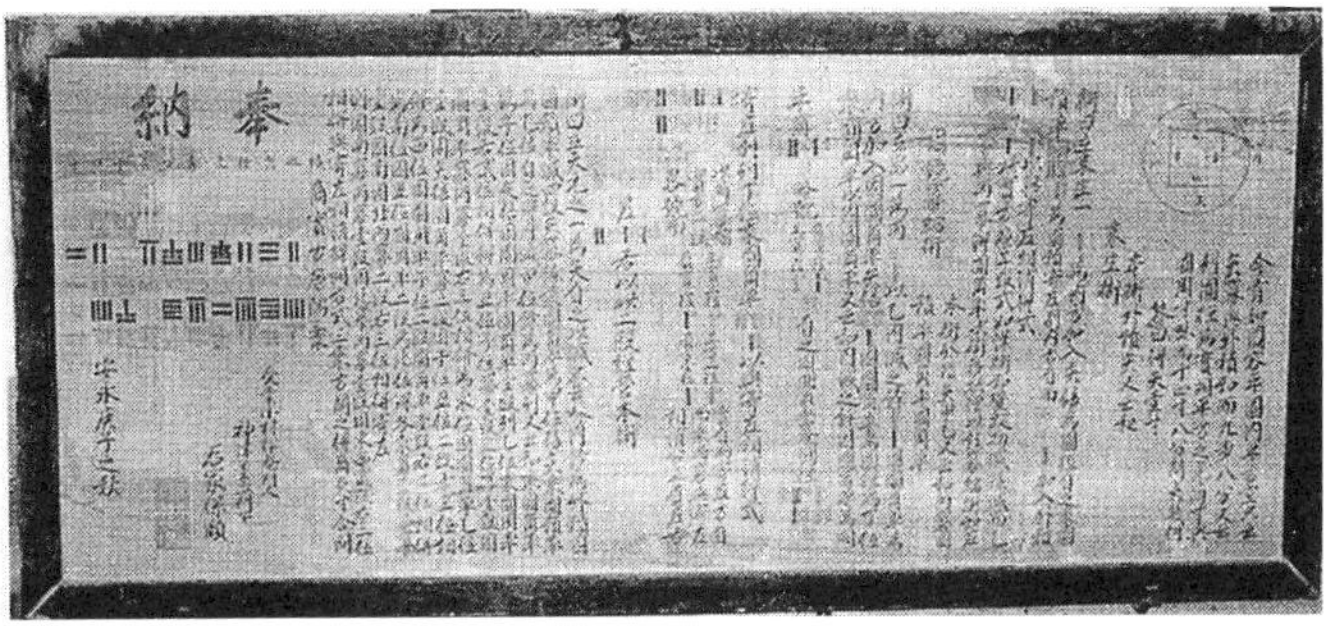

長野県佐久市八幡神社の算額。安永９年（1780）奉納。（「和算の館」ＨＰより）

に入っていた。定令にしても、安明のような逸材を発掘して師の貞資に紹介できることは、内心得意満面だったはずだ。定令は、安明が愛宕神社に算額を奉納したことを貞資に伝えた。

歴史に「もし」や「たら」はあまり意味のないことである。しかし、会田安明の入門希望が、もし藤田貞資にすんなりと受け入れられていたら、最上流は生まれなかっただろう。才能に恵まれた安明なら、貞資の跡を継ぐ立派な関流の数学者になっていたかもしれないし、もしかすると関流宗統第五伝にさえなっていたかもしれない。

しかし、歴史は面白い。そうならなかったために、かえって会田安明はより強烈な形で和算史にその名を残した。

初対面で貞資は、安明が愛宕山に掲げた算額の間違いを指摘した。それは、数学の本質的な間違いではなく、安明がほとんど独学で学んできたために生じた単なる用語の間違いだった。四千二百「を乗じる（掛ける）」とすべき表現を、四千二百「位を進める」と書いてしまっただけであった。

安明が数学的な間違いをおかしたのではないことは、貞資は当然わかっていた。前もって安明の算額を確かめた貞資は、安明の底知れぬ才能を見抜いたはずだ。相手の実力や潜在能力を認めれば認めるほど、試練を課して大きく育てたいと思うのが人の上に立つ者の自然な心理である。おそらく貞資は、天狗になっている安明に、謙虚な態度をとらせようという親心から、あえて小さな間違いを指摘したのだろう。

ところが、一本気な安明は腹を立てた。他愛もない間違いを直したら入門させるとは何様のつもりか、この安明を初学者だと思っているのか、と。その場ですぐそう言い返せればよかったのだが、興奮すると山形弁丸出しになる喋り方を恥じていた安明は、名門関流の中でも秀才の呼び声高い貞資を前にして、うまく反論ができなかった。

しかし、怒りが収まらない安明は、貞資の『精要算法』にだって間違いはある、それを書物で指摘してやろうと考えた。それが『改精算法』である。おとなげないと言えばそれまでだが、負けん気の強い安明がそのまま引き下がるはずがなかった。

そのときの安明の気持ちが、郷里へ送った天明四年(一七八四)九月二十五日の手紙に明瞭に出ている。

「(『精要算法』を)相改め候者《そうろうもの》一人もこれなく候。然る所、拙者悉く《せっしゃことごと》相改め、其の内には悪しき所も多くこれあり候間、尚また拙者『改精算法』と申す算書を開版いたし候つもりにて、当時取り調べまかりあり候。此の書出来候得ば、拙者儀は日本一の算者に相成り申し候」

安明は『精要算法』を徹底して調べ、『改精算法』の執筆においては、慎重の上にも慎重を期した。現在、日本学士院に残っている原稿には、安明が何度も推敲《すいこう》を重ねた跡が残っているという。

そして、真っ向から貞資に喧嘩を売ったのでないことは、『改精算法』の序文にも現れている。自分も『精要算法』によって分からなかったことが明らかになったと評価した後、「然《しか》りといえどもこの書（『精要算法』）を考訂するに、千百の中に一二の誤りなきことあたわず。これ余の識の相及ばざるか。……故に点示、弁別して遂に一書となし、名付けて『改精算法』という。門人しばしば木（梓《あずさ》）に上《のぼ》すことを乞う。已《や》むことを得《え》ず。先輩を非議するに嫌ありといえども、然《しか》れども門生の乞いもまた已むことを得べからず。ここに以って梓に授けていささか後生《こうせい》を資《たす》けるのみ」

先輩を批判するようで気が引けるが、門人たちの求めもあり、後輩たちのためを思って出版するというのだ。安明なりに最大限の配慮をしたつもりだったのであろう。

しかし、天明五年四月、安明が『改精算法』を出版すると、すぐに「天下の関流、藤田貞資の『精要算法』を非難するとは何事だ」という大合唱がわきおこった。よく本の内容を読みもせず、その著者を批判する者が多いのは、今も昔も同じである。

驚いたのは、安明を貞資に紹介した定令である。関流の面目を守り自らの立場を守るために、大慌てで安明の『改精算法』への反論本『改精算法正論』を書いた。「迂遠《うえん》と長文の区別もできていない、題辞の意味も分かっていない、無益の論だ」と安明を激しく非難し、関流の門人らに配るだけではなく、当の安明にも送りつけた。もちろん安明の普請方としての仕事ぶりを見てきた定令である。『改精算法正論』をもらって、おとなしく引っ込む安明ではないことは知っていた。定令は反論書を急いで公式に出版する準備を始めた。

天明七年、定令は『非改精算法』を出版したが、安明も前後して『改精算法改正論』を出版し、ここに和算史に残る大論争の幕が開いたのである。

激しい応酬

天明六年（一七八六）九月八日、将軍家治の薨去《こうきょ》が発表された。実際は、八月二十五日に死去していたが、喪を秘していたのだ。

その間、死去のわずか二日後に老中田沼意次、側衆《そばしゅう》稲葉正明、勘定奉行松本秀持《ひでもち》が罷免《ひめん》され、さらに十一月には、勘定奉行赤井忠晶《ただあきら》と勘定組頭土山孝之が左遷された。

松平定信が老中首座になった翌天明七年六月以降も田沼一派の大粛清《しゅくせい》は続いた。末端の普請方であった安明も、多くの同僚と共に解雇された。普請方は旗本より身分の低い御家人で、一代限りの奉公が建前だったから、政治的な動きに対しては無力だった。

この不運ともいえる事態を、安明自身はどう受け止めていたのだろうか。再び『自在物談』から原文のまま引用してみよう。

さて、御代替わりにして、御改法もあらたまりし時なるゆへ、御老中をはじめ、御勘定奉行も多く退役し、なお御勘定方も十四、五人一同に御普請入り仰せ付けられしなり。そのとばしり掛かりて（とばっちりを受けて）、御普請役も四、五十人一同に御いとまを下されしなり。予もその四、五十人の中にまじりて、浪人の身とはなりしなり。高木は風にたおれ、出る杭は打たれるのたとへのごとく、予は末座にありながら、数年出精《しゅっせい》して、人に勝れて勤めしが、大勢の中には、ねい（佞）人も多きものなれば、予をそねみ、にくむものも多かりしなり。

予は数年の勤功をむなしくして、四、五十人の中にいり、浪々の身となりしは、かなしむべき事なり。しかれども、人の浮沈は天命のなすところにして、いかんともする事あたわず。故に讒者《ざんしゃ》たりとも、またうらむべき事にあらず。

予が深願をあわれみて、天より閑暇《かんか》を賜りしものなり。天を拝し、地を拝して、大きに悦《よろこ》び、これより日夜少しもおこたりなく、数学の道をはげみしなり。

普請方の仕事で多忙だった会田安明は、解雇を不幸とはとらえていなかった。これまでやりたくてもできなかった数学を思い切りやれるように天が導いてくれたことであり、むしろ幸運と感じていたのである。幸い、この十年あまり節約を心がけていたため、たくわえもあった。

そこで、翌天明八年から、不倶戴天《ふぐたいてん》の敵となっていた関流との論争に本腰を入れることになった。

この年、安明は、最上流の自在先生著として『解惑算法』を出版する。書名の意味は序文に次のように書いてある。

「余、豈《あに》争いを好まん哉《や》。亦《また》、以って、彼（神谷定令）の惑いを解くもの也。豈ただ彼の惑いを解くのみならん哉。亦、一盲衆盲を牽《ひ》き、十犬虚に吠えんことを恐れて也」

明らかに喧嘩腰である。本の扉に最上流の自在先生著と記したのも、関流と関孝和の号である自由亭を意識してのことだった。

寛政元年（一七八九）、藤田貞資、嘉言《よしとき》父子の『神壁算法』が出版された。全国の算額集だが、天明元年（一七八一）に安明が愛宕山神社に奉納した算額も入っている。そして、ご丁寧にも、至誠賛化流を興した和算家・古川氏清が三年後に術文を改めて掲額したことや、定令と安明の迂遠議論まで掲載されていた。

続けて定令は、翌寛政二年、『解惑弁誤』を著して、安明が藤田貞資に入門しようとしたことと、そのとき愛宕山の神社へ奉納した算額の誤りを指摘されたことを暴露した。

安明は『神壁算法』の術文を批判した『神壁算法真術』を寛政五年に書いたが、これは出版はしなかった。

しかし、寛政八年に『増刻神壁算法』が出版されると、安明はその中に新たに追加されたあ

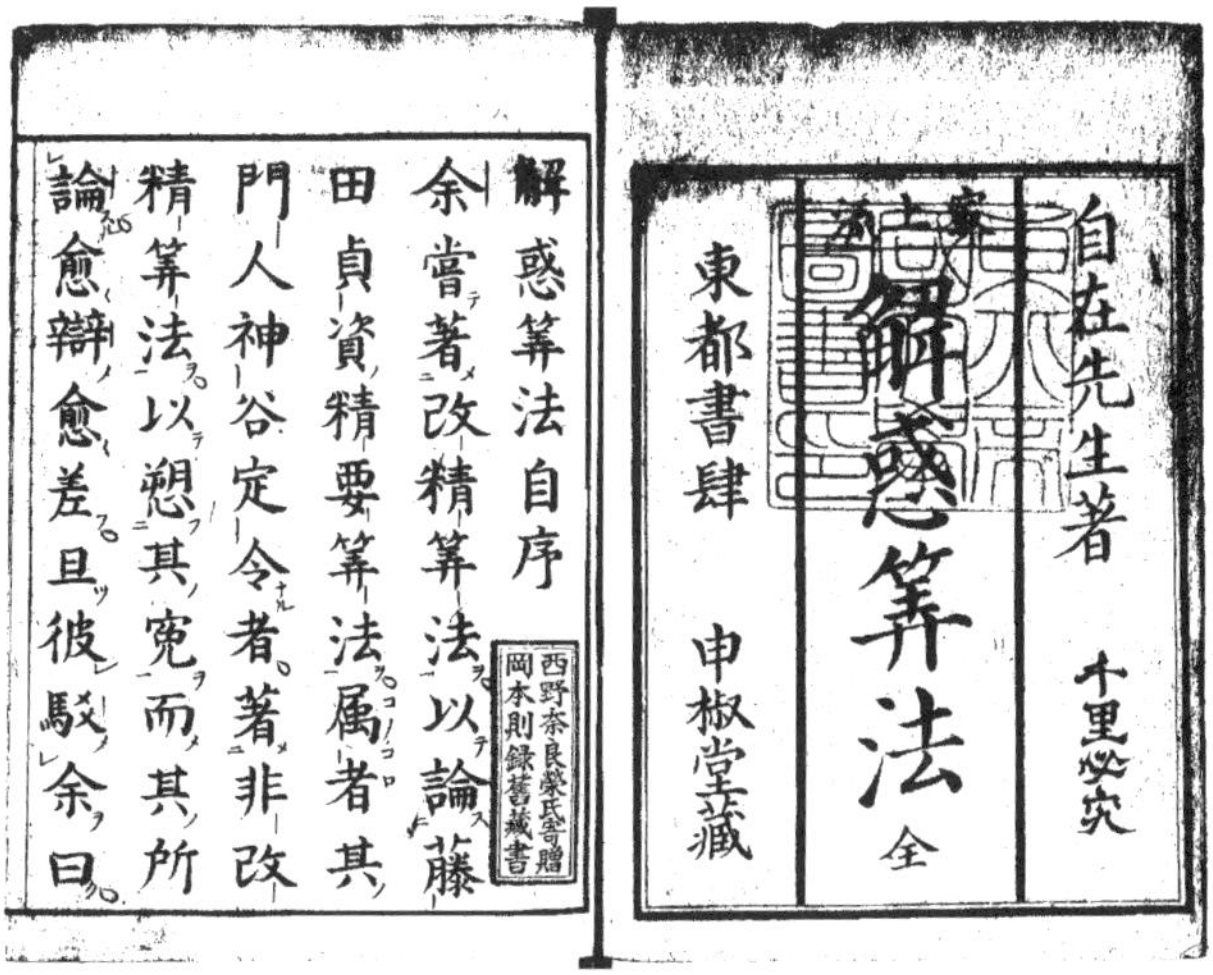

最上流の自在先生著として出版された『解惑算法』(東北大学附属図書館蔵)

る算額に注目した。それが、その時点での関流の数学者には絶対解けない問題だと確信したからだ。安明は門人を使って、掲額されたという越後国《えちごのくに》村上の羽黒神社を調べさせた。安明らしい徹底ぶりである。そして、やはり思った通り、そのような算額は見つからなかったし、奉納されたという事実も確認できなかった。

安明は、翌寛政九年に『増刻神壁算法評林』を出して、そのことを指摘した。定令の『解惑弁誤』に対しても、同年出版した『算法廓如』の中で、貞資を訪ねたのは彼の賢愚を試すためだったと、苦しい反撃を試みている。

寛政十一年、定令が『撥乱算法《はつらんさんぽう》』を出した。撥乱とは、乱世を治めて正しい状態に戻す撥乱反正という言葉からきている。しかし安明は、かえって牙を剝いた。享和元年（一八〇一）に出した『算法非撥乱』である。その序文はこうだ。

「此を戦《いくさ》に譬《たと》ふれば、予は既に彼が巨魁《きょかい》を斬獲せしに、彼は、我が徒卒を禽殺して、栩々《くく》として誇るに似たり」

翌年に定令が出した『福成算法』の中には、「闇迷々々、愚哉闇迷……」という表現があった。闇迷とは安明に音が通じるから、安明のことを差して愚哉と言っているのだ。

これを読んだ安明も黙っていなかった。著書『掃清算法』の中で、「跖跋《せきばつ》々々、愚哉跖跋……」と書いて応酬した。跖とは大盗賊の名前で、跋とはのさばるという意味である。

最上流と関流の、と言うより安明と定令の数学論争は泥沼化していった。

先学には謙虚だった

多くの読者は安明の粘着気質に辟易しているかも知れない。そもそも最上流という流派の名前からして、安明の唯我独尊ぶりを現している。一応、故郷にある地名最上《もがみ》に由来しているが、それを「さいじょう」と読ませたのは、彼の自信とプライドだろう。

しかし、安明は数学に対しては謙虚な男であった。とくに先人たちの残した業績には常に敬意を払っていた。関流に論争を挑んだ際ですら、『改精算法』の序文で貞資の『精要算法』に一定の評価を与えていたのは、先に述べたとおりである。

いつの時代においても研究は先人の業績の把握から始まり、その業績の上に成り立っていることを、安明は自らの経験を通して知っていたのである。だからこそ、先人たちの研究成果を勝手に自分たちだけの「奥義」として秘匿《ひとく》するような関流のやり方に対して、激しく反発したのだろう。

実際、安明は和算の普及、和算家の育成にも心を砕いた。すぐれた数学の参考書も多く残している。たとえば『算法古今通覧』という本は、中国の伝統数学から発展してきた膨大な和算書を徹底的に調査し、それらの中から名著十九冊を選び抜いて批評を加えたものである。

また、『算法天生法指南』という教科書も書いている。藤田貞資の『精要算法』も和算の教科書として名高いが、安明の『算法天生法指南』は、分かりやすさという点で『精要算法』に勝るとも劣らない。平易な表現で書かれていて、入門書として大変優れているのだ。

関流と激しく争いながらも、安明は決して関流すべてを批判していたわけではなかった。

本来なら最大のライバルともいうべき関流の開祖関孝和に対しても、内心では最大の評価をしていたようだ。その証拠に、最上流の開祖として功成り名を遂げた会田安明は、関孝和の百回忌に『捧法行院殿霊前算題』という数学書を奉納している。これは安明の関孝和に対する尊敬の念の表れであろう。

安明は自分が信ずる理想の数学を着々と構築していった。彼は自らの数学を最上流と名付けたが、秘術扱いしようとはしなかった。膨大な著述をし、弟子たちにはそれらを書き写すことを許した。多くの弟子を受け入れ、地方へ伝えることを奨励した。それは関孝和の数学を私物化した者たちに対する強烈なアンチテーゼだった。

文化十四年（一八一七）十月二十六日、会田安明は浅草で亡くなった。七十一歳だった。その遺志を継いだ弟子たちによって、最上流は以降次々と伝授されていった。

本所の即現寺《そくげんじ》に葬られた会田安明の墓は現存しないが、その後、関孝和同様に、百回忌、百五十回忌の法要が数学関係者らによって営まれている。

三回忌に浅草寺に建てられた算子塚

第七章　山口和（未詳〜一八五〇ころ）——遊歴算家という生き方

遊歴算家とは

江戸時代、数学が盛んだったのは、やはり文化の中心地だった江戸、京都、大坂である。著名な数学者が塾や道場を開き、互いに切磋琢磨していたから、最先端の研究成果の多くはそこから生まれている。

しかし、今日、優れた算額が日本の各地で発見されているように、高度な数学が日本全国へ伝わっていったのも事実であり、そのことに大きな貢献をしたのが、遊歴算家《ゆうれきさんか》と呼ばれた人たちだった。

江戸時代は、農村でも必ず一ヶ所は寺子屋かそれに代わる学習の場（多くは文字通りお寺がそうだった）があったので、読み書きそろばんのできる人は多かった。一般庶民でも基礎的な教養は十分もっていたのである。

江戸時代も後期になると、『塵劫記《じんこうき》』やその類似本のおかげで、数学愛好家は地方でもかなり増えていた。主にそういった人々に対して、高度な数学を教授して歩いたのが、遊歴算家である。

典型的な遊歴算家の行動は以下のようなものだ。初めての土地を訪れたときは、名主（あるいは庄屋）のようなその地方で力のある家を訪ねて数学愛好家の所在を尋ねたり、神社仏閣に算額が掲げられていないかを確認したりする。そして、数学愛好家がいれば、そこで必要なだけ滞在して数学を教えた。次の訪問先について助言をもらえれば、そこへ向かうし、再び戻ってくるときは、以前よりもさらに高度な段階を指導した。

江戸や京都、大坂の名のある塾や道場で学んだ彼らは、地方の数学愛好家から見れば憧れの存在で、非常に尊敬された。現代風に言えば、移動数学セミナーをおこなう有名大学の教授のようなものである。

そのような彼らだが、必ずしも最初から遊歴算家になろうと思ってなったわけではないようだ。

大坂の大島喜侍《きじ》は、数学を教え歩いた最も古い例の一人だ。大島は裕福な呉服屋に生まれたが、家業をほったらかしにして、数学にのめり込んだ。建部賢弘《たけべかたひろ》が江戸へ呼んだ天文暦学者の中根元圭《げんけい》や、久留島義太《くるしまよしひろ》の父親で測量術に優れた村上義寄《よしより》などを次々に家に招いた。そして、とうとう呉服屋はつぶれてしまうが、それまでに学んだ数学を、摂津、和泉、播磨、備中、阿波、淡路といった近隣の土地を回りながら教えて生活したのである。

肥前国大興善寺《ひぜんのくにだいこうぜんじ》の権大僧都《ごんのだいそうず》だった小松鈍斎《どんさい》は、江戸まで行って関流宗統六伝の内田五観《いつみ》から別伝免許を得たというからハンパではない。大興善寺は、行基《ぎょうき》によって開かれ、慈覚大師《じかくだいし》が中興したといわれる由緒ある天台宗の寺である。広大な寺領と三十をこえる末寺を持つ寺の権大僧都が、和算家として帰ってきて、住職との両立は不可能だったのだろう。鈍斎は結局、僧侶よりも数学者を選択し、雲水のように西国地方を中心に遊歴した。還暦もとうに過ぎた六十四歳で広島藩に仕え、家庭も持ったが、その五年後に病死した。二十年余りを遊歴算家として暮らしたらしい。

天保の飢饉のとき、甲斐国《かいのくに》で起きた百姓一揆を主導した一人に、犬目村の兵助という村役人がいた。兵助は幕府によって磔刑に処せられる直前に逃げ出し、北陸から中国、四国地方そして奈良、京都、伊勢となるべく農村部を選んで逃亡生活を送った。数学が得意だった兵助はそろばんを使った比例計算や両替計算、さらには開平法《かいへいほう》や開立法《かいりゅうほう》などを教え歩いた。もらった謝礼は逃亡費用に役立て、最後は木更津《きさらづ》に故郷の妻子を呼び寄せ、寺子屋を営んだという。

こうした遊歴算家一人ひとりの人生を丹念に追えば、江戸時代のさまざまな階層における人間模様と一緒に和算が当時の社会に果たした役割も浮かび上がってきそうである。しかし、残念ながらその仕事は現在の筆者の手に余る。

そこで本章では、遊歴算家の代表として、山口和《かず》をとりあげることとしたい。和は和算の大家として名前を残す実力を持っていたにもかかわらず、江戸での研究生活を捨てて、諸国、しかもなるべく僻地の名もない数学愛好家たちに数学を教え歩いた。なぜ彼は遊歴算家として生きる道を選んだのだろうか。

山口和の生い立ち

山口和は、天明年間（一七八一―一七八九）の初め頃、越後国水原外城《えちごのくにすいばらとじょう》（現在の新潟県阿賀《あが》野《の》市）の旧家、山口七兵衛家の四代七兵衛の三男として生まれた。幼名は七右衛門、長じて倉八、のちに和とあらためた。号を坎山《かんざん》という。

外城には白鳥が飛来することで有名な瓢湖《ひょうこ》がある。瓢湖は干ばつ対策の人工池で、寛永年間に作られた。白鳥が定期的にやってくるようになったのは、餌付けを始めた昭和になってからだ。

山口和は、瓢湖のほとりで、巨大な屏風のように迫る五頭《ごず》連峰やその奥の飯豊《いいで》連峰を眺めながら育った。

山口和顕彰碑（「和算の館」ＨＰより）

山口家は庄屋も務められるほどの大きな農家だったから、暮らしに余裕もあったのだろう。和は、同じ外城に住む関流の数学者、松右衛門の弟子になった。そろばんから習ったが、飲み込みの早い和は、あっという間に先輩たちを追い越してしまった。

天明年間といえば、関流の藤田貞資《さだすけ》の全盛時代であり、対抗して最上流《さいじょうりゅう》を興した会田安明《あいだやすあき》の評判が急上昇していた頃である。江戸で火花を散らす両流派の噂は、はるか越後国まで伝わっていた。

和は『塵劫記』の問題を征服したばかりだったが、出羽国《でわのくに》から江戸へ出て名を上げた会田安明に、自らの姿を重ねていたのかもしれない。江戸へ出てひとかどの数学者になる――和の思いはそれしかなかった。

長谷川寛との出会い

江戸へ出た和は、松右衛門の紹介で、望月藤右衛門の弟子になった。松右衛門と望月の共通の師は、関流の日下誠《くさか》である。

和は、望月の下で学びながら、ためらうことなく日下の門も叩いた。

日下誠は関流宗統第五伝として、当時の関流の最高峰に位置していた。特に教育者として優れ、その門下からは多くの逸材を輩出した。長谷川寛、和田寧《やすし》、内田五観《いつみ》、斎藤宜長《ぎちょう》、御粥安本《おかゆやすもと》、小出兼政《こいでかねまさ》、白石長忠《しらいしながただ》など、和算史に名を残した数学者が綺羅星《きらほし》のごとく並んでいる。指導は厳しく熾烈《しれつ》な競争を課したことが想像される。

はたして和は、日下の塾に数度通っただけで、望月の家に引っ込むことになる。ここへ来るのはまだ早い、と追い返されたのだ。水原の片田舎で天狗になっていた和は、情け容赦なくその鼻をへし折られた。

やがて和は、日下の高弟の一人、長谷川寛の門下に入ることになる。

長谷川は、師の日下誠から独立し、神田鍋町《なべちょう》に自らの塾を開いていた。数学道場という。独立に際しては、日下の塾から破門されたという説があるが、根拠ははっきりしない。後に数学道場版として発行した『算法新書』が、当時の関流の奥義を公開してしまったために非難されたという話があり、それと混同されたのかもしれない。

山口和が江戸に出たころは、関流の免許制度が確立していて、関孝和の編み出した高度な数学は、奥義または秘伝と称されて、他流派はもちろん弟子といえども容易に伝えられなかった。それに対して長谷川は、数学の発展のためには奥義を隠しておくべきではないという考えの持ち主で、閉鎖的な関流とはまったく異なる方針を採っていた。

たとえば、関流の五段階の免許制度に対し、数学道場では、四段階の免許制度（見題、隠題、伏題、別伝）を設けた。そして、誰がどの位置にあるかを『長谷川社友列名』を頒布して公開した。それは身分や年齢などに関係なく実力だけで決まり、公明正大なので、門人たちにやる気を起こさせる良い方法だった。

また免許制度とは別に、正統、斎長《せいちょう》、助教という役職を設け、門人たちの指導、育成に力を入れた。

そうした運営方針が評判を呼び、数学道場に入門してくる者は後を絶たず、じきに数学道場は江戸で一番大きな数学塾となった。

和は、開放的な数学道場でのびのびと学び、やがて道場でも一二を争う実力の持ち主になった。しかし、当時の江戸には、還暦を過ぎてなお意気軒昂《いきけんこう》な会田安明をはじめ、超一流の数学者がひしめいていた。和は、力をつければつけるほど、超一流の数学者と自らの力の差を痛感するようになっていった。

遊歴算家への転身

和から見て、師の長谷川は間違いなく超一流の和算家だった。しかし、長谷川は自ら編み出した解法であっても、あえて門人の名前で出版するなど、何よりも弟子の成長を喜ぶところがあった。そんな長谷川を心から尊敬していた和は、自らもとりわけ未熟な弟子を選んでは熱心に指導するようになっていた。

解き方を全く理解できていない相手に、いきなり答えを示しても意味がない。相手が自分の頭で理解していくように仕向けて行くことが肝要なのだ。頂上の見えない険しい山に、裾の方からゆっくりと、しかし着実に登って行かせること、一見近そうに見える誤った道に踏み込ませないこと、それは難しくも楽しい冒険だった。そうやって弟子と二人で登りつめた頂上には、美しい光が満ちていた。

文化十年（一八一三）、水原から父・山口七兵衛の不幸を伝える便りが届く。久しぶりに故郷を飛び出した頃を思い出した和は、若き日に抱いた「ひとかどの数学者になる」という野心より、いまや教える喜びの方が勝っていることに気付いた。そして、江戸での研究生活に見切りをつけ、数学教授の旅に出ることを決意する。

　地方には多くの数学好きがいるが、江戸へ出て勉強できる者はまれで、ほとんどが高度な数学に触れる機会もなく終わってしまう。たまたま近くに関流を学んだ数学者がいても、関流の教え方は閉鎖的である。奥義や秘伝は簡単には教えてもらえない。自分が全国津々浦々を回って、数学道場のように自由な雰囲気で教えれば、目を瞠るほど上達する者がいるだろう。日本中探せば、あるいは関孝和のような天才だって見つかるかもしれない――和の胸はたちまち膨らんできた。

　それが、水原から出てきて、数学道場の教え方を身に付けた、自分らしい生き方のような気がしたのだ。

　文化十四年（一八一七）四月九日、山口和は最初の遊歴に出た。あらかじめ訪問先を決めていない、放浪のような旅である。

　旅の様子は、和がつけていた『道中日記』に詳しく記録されている。以下、少々長くなるが、和の足取りをざっと紹介したい。遊歴算家の動き方や当時の雰囲気がよくわかるは

『道中日記』（阿賀野市教育委員会蔵）

ずだ。

まず水戸街道を進んだ和は、その夜、下総国《しもうさのくに》相馬郡取手宿で旅籠に泊まった。ここまではざっと十里である。

十三日に常陸国《ひたちのくに》筑波郡寺具村に入り、そこの満充寺で四泊することになった。そこの住職が数学愛好家で、弟子までいるのだが、和ほどの力がないため、弟子たちに教えてほしいと頼まれたからだ。

十七日に泊まった飯田村の司馬左兵衛は、満充寺の住職から勧められた次の訪問先だった。江戸の数学道場の者であることを話すと、喜んで迎えられ、和はそこでも数学を指導した。算額を探さなくても、こうして数珠つなぎのように数学愛好家を見つけられた。

続く十八日には、土浦の真鍋天王を参詣し、初めて算額を発見した。美しい図形が描かれていた。大きな円の中に、小円や三角形を介して、何重にも円が入っている。その最も内側の円の直径を求める問題だった。

山口和は左右対称になっている図形も含めて、正確に日記に書き写した。これが、『道中日記』に記録した最初の算額となった。

二十日は、五町田村《ごちょうだむら》荒宿観音寺の隠居正行の家に泊まった。正行や近隣の若者たちに数学を教えた。

二十五日に鹿島に着いて、翌二十六日から鹿島神宮、鳥栖《とす》神社、香取神宮を順に参詣した。

目的はもちろん算額探しだったが、残念ながら発見できなかった。香取神宮の神主は数学ができると聞いていたが、会うことができなかった。

二十六日に下総国佐原《さわら》で宿をとると、香取郡大倉村の側高《そばたか》神社に算額があることを教えられた。それで、二十七日はわざわざ二里戻って行ってみた。立方体や球、切り籠《こ》と呼ばれる多面体に関する算額で、津宮《つのみや》村の久保木定右衛門らが今年二月に奉納したものだった。

さらにこの日は、高崎村の木村源兵衛に会って、高崎明神の西を流れる川のほとりの小さな地蔵堂に出かける。そこには、なぜか同じ問題に関する三面の算額が奉納されていた。

一面は享和元年（一八〇一）秋に、地元の北崎氏が中西流の門人木村氏と一緒に奉納したものである。十五年後の文化十三年（一八一六）五月と書かれた二面目は、最上流某と名乗る者が、一面目の右に全く同じ大きさで、もっと簡単な方法で解けるといってその方法を示したものだった。

その脇にある三面目には、江戸浅草に住む最上流三代と名乗る者の考えが次のように書かれていた。

「一面目の北崎氏の解答は誤りではない。浮世で数学を志す者が神に精進を誓っているのがよくわかる。そのための奉納なのだ。二面目の人は、二次方程式にしてそろばんで平方に開けばすぐ解けると自慢したいらしいが、とりたてて非難することでもない」

山口和は、その意見に共感し、最上流三代の文章もしっかり書き写した。

二十九日に滑川《なめかわ》観音を参詣し、そこでも算額を筆写した。奉納した金江津村《かなえつむら》の梅田祐仙は、数学を教えている盲人だという。

さらに成田山の参詣も終えた和は、その夜は酒々井《しすい》に泊まり、五月一日の夕刻、神田鍋町の長谷川寛の家に帰着した。

二十日あまりの旅だったが、多くの数学愛好家と交流し、例外なく再訪を懇願された。また初心者に教えるのにふさわしい算額も多数発見することができた。初めての遊歴は、和に確かな手応えをもたらした。

「奥の細道」を歩く

山口和は松尾芭蕉に憧れていた。

俳諧師、松尾芭蕉（一六四四―一六九四）は、和よりも百年以上前の人である。芭蕉は、三十二歳で故郷伊賀国《いがのくに》から江戸へ出てきた。それからしばしば旅に出、行く先々で俳諧を教え、紀行文を残した。

和は、芭蕉のような旅をしてみたいと強く思うようになっていた。何年かけてでも芭蕉の通った道を歩いてみたい。和の目は、みちのくへ向けられていた。

最初の遊歴からおよそ五ヶ月の休養を経て、十月十四日、再び和は水戸街道を北上した。前回の旅で世話になったところをめぐりながら、数学の指導をして歩いた。

筑波では、明石村《あけしむら》の佐十の家に草鞋を脱いだ。前回の遊歴で和は佐十を弟子にしていた。

そこで、ゆっくり年末年始を過ごした和は、文化十五年（一八一八）一月十七日、いよいよ「奥の細道」への旅へと出発する。

しかし、芭蕉の通った道そのままではなかった。できる限り辺鄙な土地をめぐるためには、表街道は避けた方がいい。水戸からは浜街道を選んで海岸沿いを北上し、三十日に平潟《ひらかた》に着いた。

ここは漁港で賑わっているだけでなく、景勝の地でもあった。海岸の岩山にはいくつもの洞門（トンネル）がくり抜かれている。黒浦洞門は長さが九十尺もあった。和は思わず日記にその風景を描いた。数学の問題図形を描くだけあって、和の絵は具体的で正確な描写である。

三月になって相馬《そうま》の城下に入ってからも、和の数学教授は順調に進んだ。どこへ行っても次々に数学愛好家と出会い、和は歓迎されて、宿に困ることもない。

岩沼から仙台に入り、城下を抜けて石巻《いしのまき》へ向かった。足取りが早くなった。松尾芭蕉も訪ねた名勝松島が近いこともあって、さすがの和も数学教授どころではなくなっていたようだ。

三月十日には、塩釜《しおがま》神社を訪れているが、和はたくさんあったはずの算額を一つも書き写していない。翌日、塩釜から船に乗って松島に着き、雄島《おしま》へ渡った。

芭蕉と随行していた曾良《そら》の句碑を見つけて日記に書き留めている。

朝よさを誰《たが》まつしまぞ片心《かたごころ》　芭蕉翁
松島や鶴に身をかれほととぎす　曾良

すっかり松島に酔いしれていた和だったが、桃生《ものう》郡深谷の川下《かわくだり》村の次右衛門の家に数学者が来ていると聞いて、早速訪ねて行った。

これが千葉胤秀《たねひで》との最初の出会いである。

千葉胤秀は安永四年（一七七五）生まれ、陸奥国磐井《むつのくにいわい》郡流郷《ながれごう》清水《しみず》村の農家出身の和算家である。胤秀は一関藩領のみならず仙台藩領に多くの弟子を抱え、その数三千人と言われた。巡回して指導していたから、地域限定の遊歴算家と呼んでいいだろう。

四月一日、胤秀の家に着いた和は、四日間にわたり算額を題材に数学の議論を続け、日記に多くの算題を書き込んだ。

本格的な数学の議論を続けていれば、どちらの実力が上か自ずと明らかになる。このとき胤秀は四十四歳だったが、三十代半ばだった和に、弟子にしてほしいと頭を下げた。和算の世界では、実力の前には、身分も年齢も関係ないのである。

千葉胤秀は、和が遊歴で出会った最初の才能ある数学者だった。和は、胤秀に江戸の数学道場で学ぶことを勧めた。

胤秀の家を出発した和は、平泉、盛岡、一戸《いちのへ》、八戸《はちのへ》と北上し、五月二日、下北半島の霊場恐山《おそれざん》にも参詣した。その後、秋田領に入り、日本海側を南下した。庄内では、湯殿山《ゆどのさん》、月山《がっさん》、羽黒山《はぐろさん》の出羽三山へ登った。それから最上川《もがみがわ》づたいに新庄《しんじょう》へ出、芭蕉の蝉塚のある山寺（立《りっ》石寺《しゃくじ》）を通って、帰路に着いた。

鍋町の長谷川の家に帰着したのは、既に秋も深まった九月二十三日のことだった。二回目の遊歴は、ほぼ一年にわたるものだった。

三回目以降の遊歴

文政三年（一八二〇）七月二十二日に出発した三回目の遊歴は、全六回の遊歴の中でも最長のものとなった。およそ二年四ヶ月をかけて、全国各地を渡り歩いた。

最初に、前回の遊歴ではたどれなかった、芭蕉の奥の細道の後半部分を、北陸方面から回った。続いて、京都から山陽道を西へ向かい、いったん船で四国へ渡った後、再び船に乗って山陽道を山口まで辿った。

さらに船で豊前国内裏《ぶぜんのくにだいり》（現在の北九州市）に渡り、博多、長崎、熊本、柳川、佐賀、久留米、宇佐、小倉と九州各地を回った後、ようやく帰路に着く。

とは言え、まっすぐ江戸を目指したわけではない。帰りはあえて山陰側を通り、石見銀山《いわみぎんざん》や出雲大社、大山《だいせん》、天の橋立と見て回り京都、大坂、大津で数学指導をした後、文政五年十二月一日、ようやく江戸に帰着した。

これまでの三回の旅で、芭蕉の奥の細道はおろか、本州、四国、九州の大部分を遊歴して回ったことになる。金沢や長崎といった都市部は観光する程度で、数学指導はあまりしていない。どちらかといえば、数学者との縁が薄いと思われる僻地で、算額を探し、多くの数学愛好家と交流して彼らを弟子にした。数学の盛んな江戸の様子や、数学道場の指導方法なども紹介した。

四回目以降の遊歴は、なるべく遠くへという気持ちはなくなったのか、江戸と故郷水原を拠点にした、弟子にした人たちの間をめぐる旅になっている。指導を継続してしっかり教えようと思ったのだろう。

ちなみに、四回目の遊歴は文政六年二月五日から始まり、およそ一年八ヶ月。五回目はそのわずか半月後の文政七年十一月一日の出発で、約十ヶ月の遊歴だった。和はその後水原の実家へ帰ったらしい。

六回目は、文政十一年七月二十一日、水原から始まっている。三国峠を経て伊勢崎そして江戸へ入った。神田鍋町の長谷川寛宅などを訪れた後、下総国、常陸国、筑波、会津を通って、十月五日暮れ六ツ過ぎに水原の自宅へ帰着している。

二ヶ月ほどの短い旅で、経路を見れば、門人にしていた人々が求めていた来訪に、和がやっと応えた旅だったようだ。記録に残っている限りでは、これが最後の遊歴となっている。

山口和の功績

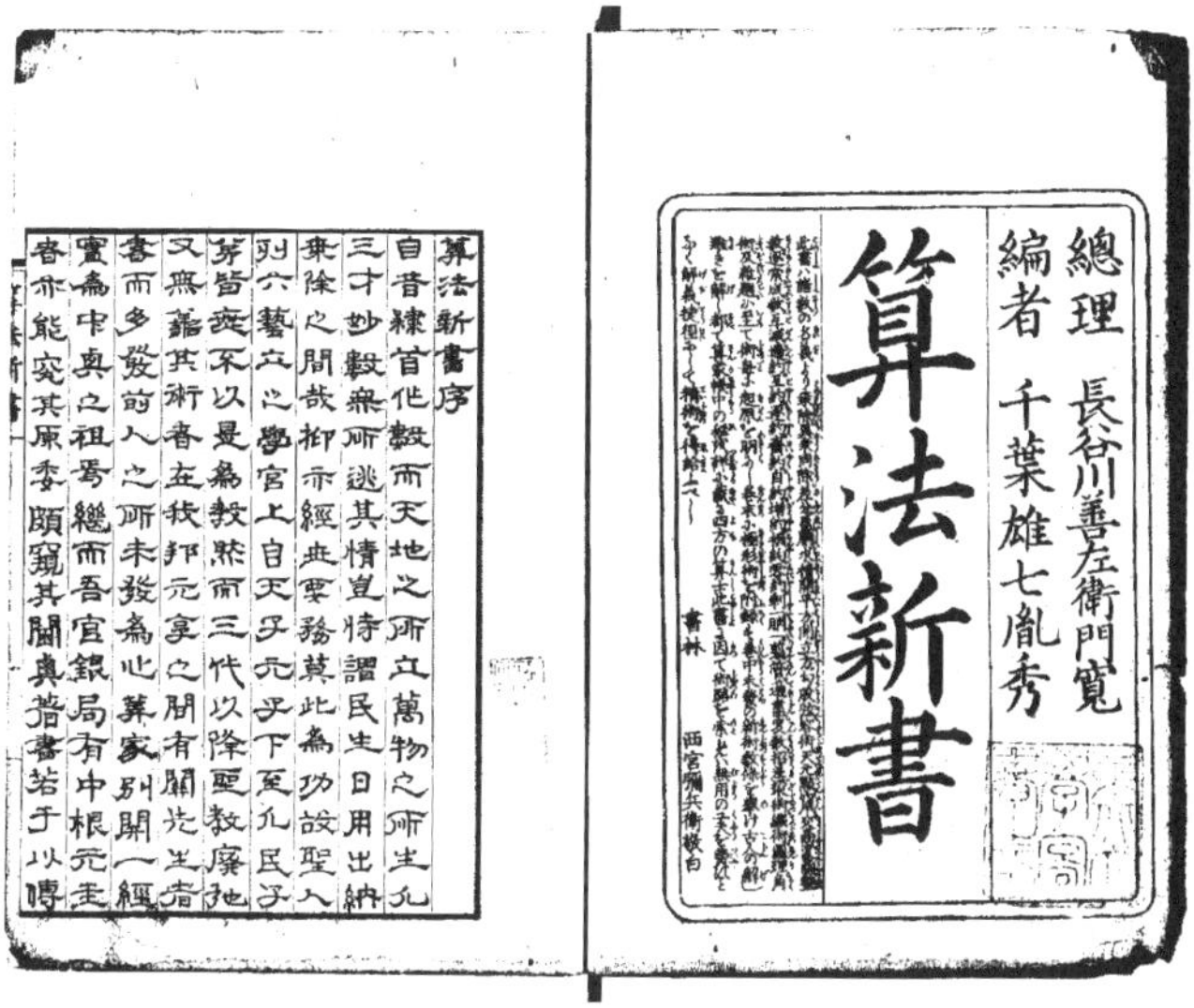
總理　長谷川善左衛門寛
編者　千葉雄七胤秀
算法新書

算法新書序
自昔隷首作数而天地之所立萬物之所生凡三才妙数無所逃其情且特謂民生日用出納乘除之間哉抑亦經典要務莫此為切故聖人列六藝立之學官上自天子元子下至凡民子弟皆莫不以是為教然而三代以降道教廢弛又無論其術者在我邦元享之間有關先生者書而多發前人之所未發為此算家別開一經實為中興之祖焉繼而吾官銀局有中根元圭者亦能究其原委頗窺其閫奥著書若干以傳

ベストセラーになった数学道場版『算法新書』（東北大学附属図書館蔵）

文政十三年（一八三〇）、数学道場版として、『算法新書』全五巻が出版された。これは当時の関流の奥義も含むもので、後世に残る名著となった。明治十三年（一八八〇）の第三版まで続いたベストセラーでもある。

編者は和の勧めに従って江戸へ出てきた千葉胤秀である。しかし、実際は長谷川寛の研究成果だったと言われている。山口和も序文を寄せている。

天保九年（一八三八）十一月二十日、長谷川寛が病気で亡くなった。享年五十七だった。数学道場は、長谷川寛の養子で、九州へ遊学中だった長谷川弘《ひろむ》が戻って引き継ぐことになった。和には形見分けとして、長谷川が愛用していた端渓《たんけい》の硯《すずり》が渡された。

嘉永二年（一八四九）二月四日には、和が発掘した千葉胤秀が亡くなった。享年七十五だった。胤秀は天寿を全うしたといえるが、その死を悲しんだ和は、翌三年（一八五〇）に追うように亡くなったと推定されている。実際、山口家の菩提寺である大雲寺の過去帳や墓地を調査しても、山口和の没年月日、墓石は見つからないのである。

山口和以外にも、現代の反転法に相当する「算変法」を編み出した法道寺善《ほうどうじぜん》や、明治四年に八十二歳で死ぬまで関東一円の遊歴を続けていた剣持章行《けんもちあきゆき》など、優れた遊歴算家はほかにもいた。

しかし、山口和ほど初学者のために自らの才能と知識を惜しみなく使った遊歴算家はいない。移動スケールの大きさは、遊歴算家の中でも群を抜いていた。旅の途中で門人にした人の記録「門人控」には、実に二百十四名が記されている。

しかも、大都市だけではなく、海辺や山間の僻村に住む一般庶民にまで、数学の楽しさや奥深さをしっかり教え歩いた。そのことは、若き日に志した大数学者の道を歩む以上に、和算文化の発展に大きく貢献したと言っていいだろう。

第八章　小野友五郎（一八一七～一八九八）——和算と西洋数学のはざまで

幕末の和算家

「明治維新」と書くと、徳川幕府が倒れ、明治政府の世の中になってから、日本の近代化や国際化が始まったような印象を受けるが、実際はそうではない。

嘉永六年（一八五三）に黒船が来航し、翌年に日米和親条約を締結して以降、徳川幕府も懸命に近代化を進めていた。多くの幕臣に西洋の学問を学ばせ、洋式軍艦を建造するなど、大急ぎで手を打っていたのである。もっとも、攘夷思想にとりつかれた志士たちによる異人斬りが頻発し、時代遅れの大砲の威力を過信したいくつかの藩による異国船砲撃が繰り返されるなど、その反動も大きく、そうした動きを抑えることが出来なかった幕府は、道半ばにして大政奉還に追い込まれた。

その後、明治政府の下で猛烈な勢いで改革が進められていくのは周知の通りだが、実際に近代化の現場を支えた人材の中には、この時期に徳川体制の下で育成された者が多くいた。ある意味で、日本の近代化の布石は徳川幕府が打ったといえるのである。

本章の主人公である小野友五郎《ともごろう》も、徳川幕府によって見出され、その才能を開花させる機会を与えられた一人であった。和算が得意だった友五郎は、ペリー来航の二年後に、長崎海軍伝習所の第一期生として西洋数学を学び、その後、遣米使節の一員として咸臨丸《かんりんまる》で米国を訪れた。

幕末から維新へという激動の時期は、数学にとっても和算から西洋数学へという激動の時期であった。圧倒的な西洋文明の力を前にして、友五郎は幕臣として、そして和算家として、どのような生き方を選んだのであろうか。

右が小野友五郎。左は勝麟太郎（G・M・ブルック三世蔵）

数学で身を立てる

小野友五郎は、文化十四年（一八一七）、常陸国《ひたちのくに》笠間《かさま》藩の年給わずか四両二人扶持という下級藩士、小守庫七《くらしち》の四男として生まれた。何の取り柄もなければ、一生を兄の厄介《やっかい》として肩身を狭くして生きねばならない境遇だった。

ところが、友五郎には数学の才があった。天保三年（一八三二）、十六歳のとき、藩の算術世話役甲斐《か》駒蔵《いこまぞう》に入門して、本格的に数学を学び始めると、たちまち頭角を現した。戦乱が久しくなく、支配層の関心が財政およびそれを支える水利土木事業に向かう中、数学の能力は、身分の低い者にも立身出世の道を開く数少ないスキルであった。入門翌年には、早くも同藩の小野柳五郎《りゅうごろう》の養嗣子《ようしし》に入ることができた。冷や飯食いの立場からは抜け出したが、小野家も小守家同様、年給わずか三両二人扶持の下級藩士だった。

数学の知識を生かして、地方手代《じかたてだい》（農政職）を務めていた友五郎は、天保十二年（一八四一）、江戸へ転勤を命じられ、深川の下屋敷で元締手代《もとじめ》（財政職）を務めることになった。

江戸に出た友五郎は、かつて師の甲斐駒蔵も通っていた数学道場の門をくぐった。当時、道場を興した長谷川寛はすでに亡く、養子の弘《ひろむ》の代になっていた。

前章でも触れたとおり、数学道場はもともと関流の一派であるが、閉鎖的な関流とは距離を置き、秘伝とされた奥義《おうぎ》でも快く教えた。

嘉永四年（一八五一）に頒布された『長谷川社友列名』では、友五郎は駒蔵とともに伏題免許取得者に名を連ねただけでなく、門人を代表して序文も書いている。長谷川一門は当時の和算界の最大勢力であったから、友五郎の数学の実力はすでに日本のトップクラスに達していたといえる。

嘉永五年十二月、小野友五郎に老中筆頭阿部正弘の名前で幕府天文方出役《てんもんかたしゅつやく》が命じられた。笠間藩士が幕府の職務につくということは、現代風の表現でいえば、地方公務員が政府機関へ出向するようなもので、抜擢といっていいだろう。

しかし友五郎は、いくら数学が得意だとはいえ、しょせん徒士並《かちなみ》という身分の低い笠間藩士である。年齢も既に三十六となっており、この時点で、自らの人生が歴史に名を残すほど波乱万丈なものになるとは、夢にも思わなかったはずだ。

天文方で航海術と出会う

天文方に出役した小野友五郎は、天文方足立信行の下役となった。ところが、友五郎に命じられた仕事は暦作や天体測量ではなく、意外にもオランダ語で書かれたスワルトの航海術書の翻訳だった。異国船が日本近海に頻繁に出没するようになり、外洋を航海するために必要な天文航法の研究の必要性が高まっていたのだ。

もっとも友五郎は、当初オランダ語はまったく出来なかった。オランダ語の翻訳は天文方専属の通詞《つうじ》である馬場佐十郎が担当し、友五郎はもっぱら航海術に記されていた高度な数学や測量理論を読み解く役割であった。技術書の翻訳は、ただ字面《じづら》を日本語に変換するだけではだめで、専門的な観点からの正確な表現が求められるのである。

数学的センスに優れた友五郎が参画したお陰で、ちょうど二年後の安政元年(一八五四)十二月、スワルトの本の中の航海術の部分が『渡海新編』四巻として完成した。

オランダ語の航海術書の翻訳に取り組んだことは、友五郎にとって、その後の長崎海軍伝習所第一期生への抜擢、そして咸臨丸の筆頭測量方への就任につながる大きなエポックとなった。

また、天文方で働くようになったことは、ジョン万次郎との出会いという点でも価値があった。

ジョン万次郎は土佐の漁師で、暴風雨のために漂流したが捕鯨船に救われ、アメリカでの生活を十年経験した後に、自力で帰国してきた男である。鎖国令を犯したことはわかっていても、アメリカで高等教育を受けてきた万次郎は、当時の日本にとって必要な人材であった。

万次郎は、老中の阿部正弘によって江戸に呼び寄せられ、天文方の蕃書和解御用に出仕していた。友五郎は、その後多くの仕事で万次郎の手を借りることになる。

長崎海軍伝習所へ

嘉永六年（一八五三）、ペリー提督率いる黒船四隻が来航し、侵略の脅威に直面した幕府は、次々と国防強化策を打ち出した。

黒船来航の直後に、オランダへ蒸気軍艦を発注し、それとは別に自前での軍艦建造にも着手する。わずか八ヶ月で完成させた鳳凰丸《ほうおうまる》は、全長三六・四メートル、幅九メートルで砲十門を備え、外洋航海に耐える洋式の竜骨構造をしていた。排水量五五〇トンは、ペリー艦隊最大の旗艦サスケハナ号（三八二四トン）のわずか七分の一だったが、それでも日本最大の和船である千石船《せんごくぶね》の約三倍もあり、実弾発射訓練もしていた。また、品川沖の砲台（お台場）の建設も大急ぎで進め、日米和親条約を結ぶためにペリーが二度目の来航を果たしたとき、すでに一番から三番まで着工していた。

さらに幕府は安政二年（一八五五）に長崎海軍伝習所を開設、オランダから海軍設立のため

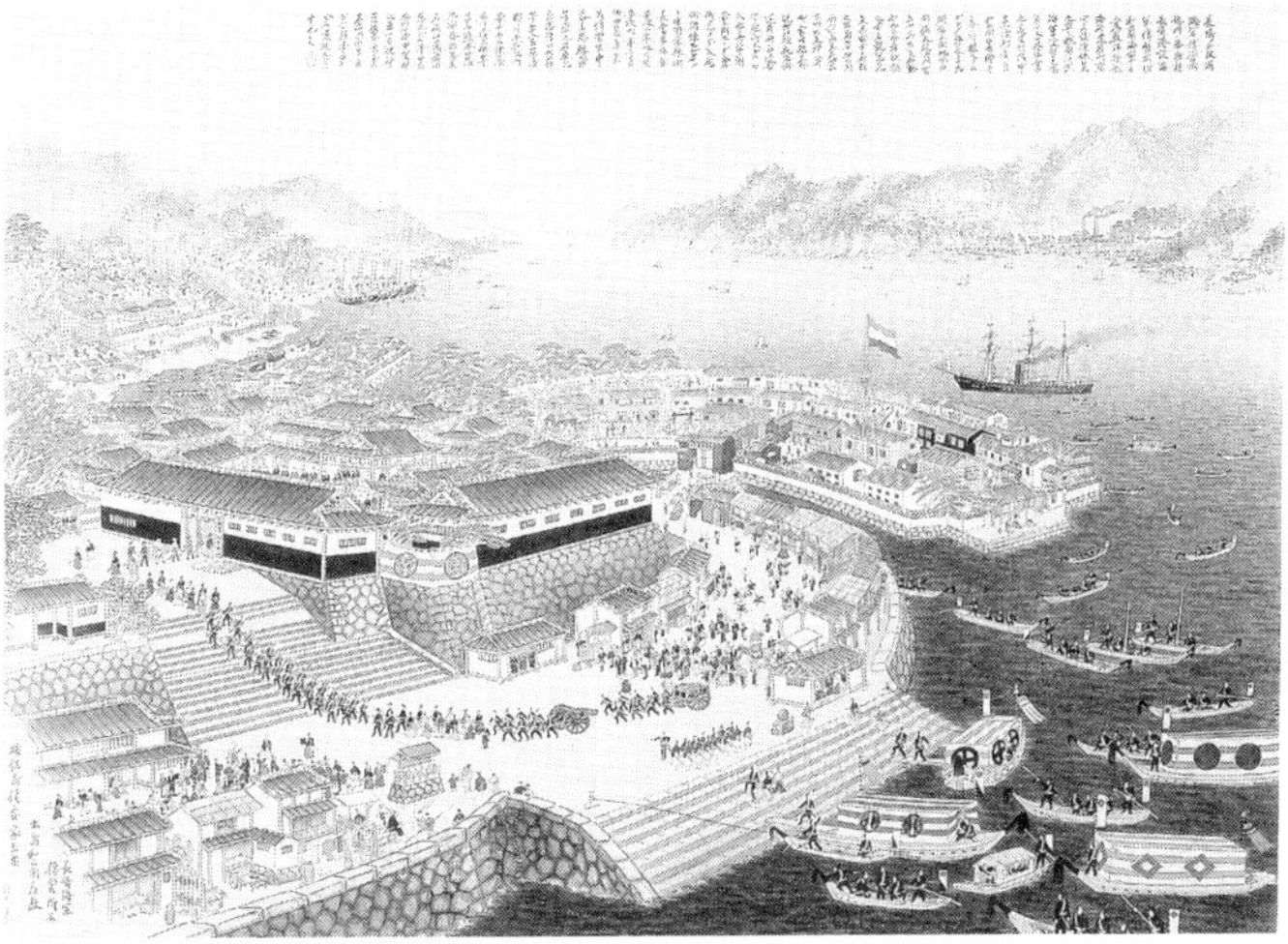

長崎海軍伝習所図（佐賀県立佐賀城本丸歴史館蔵）

の教育を受けることを決定する。

八月、再び老中阿部正弘の名前で、友五郎は長崎海軍伝習所の第一期生として長崎行きを命じられた。海軍士官候補生の一人である。幕府に提出した『渡海新編』四巻の仕事が認められた上での、大抜擢であった。すぐに笠間藩も名誉なことと判断し、友五郎の身分を一気に上士の末席である給人席に引き上げた。俸禄も三十俵十人扶持と増えた。異例の出世である。

友五郎は早々に準備し、陸路、長崎へと旅立った。オランダ語の航海術書を翻訳したことで、航海術に対する友五郎の知的興味は高まっていただろう。そのようなときに、オランダ人から直接航海術を学べるという幸運に、友五郎の気持ちはたかぶっていたに違いない。

大波止《おおはと》の港や出島《でじま》に近い長崎奉行所西役所

が、海軍伝習所に充てられた。

諸藩からの聴講生も多く、伝習生は二百名近かった。講師陣はスームビング号のペルス・ライケン艦長をはじめ全員がオランダの軍人で、教科書はオランダ語の航海術書を使用、講義は通訳を介して行われた。また計算に際してはそろばんが禁じられて、筆算つまり西洋式が導入されたから、伝習生の苦労は並大抵ではなかった。そろばんの名人だった友五郎も、これには閉口したはずだ。

数学の講義は、三角関数、指数、対数、級数と徐々に高レベルになっていった。

友五郎は、天文方でオランダ語の航海術書を翻訳した経験があったし、和算とはいえ数学の基礎ができていたので、抜群の理解力を示し、オランダ人講師陣を驚嘆させた。特別に出島に招かれ、微分積分まで教えてもらった。友五郎は、西洋人から微分積分を習った最初の日本人だといわれる。なお、一期生に名を連ね、学生長を自任していた勝麟太郎《りんたろう》は、オランダ語は得意だったが、数学は苦手だったらしい。友五郎は、理解の遅い伝習生たちのために、伝習所総督永井尚志《なおむね》の宿舎で数学の勉強会を開催した。

友五郎ら優秀な一期生は、江戸に創設される軍艦教授所の教官となるため、二年の予定を十四ヶ月で切り上げて江戸へ帰ることになった。友五郎らは、オランダから寄贈されたスームビング号あらため観光丸を操船し、平戸から玄界灘を通って、瀬戸内海へ入り、兵庫、大坂、鳥羽、横浜を経て、出航から二十二日目の安政四年（一八五七）三月二十六日に品川沖に着いた。

沿岸航海だけだったが、日本人だけで蒸気船を操作して帰府したことは一期生の自信となった。

閏《うるう》五月、友五郎は笠間藩士のまま、軍艦教授所の教授方に出役した。そこには同じ教授方としてジョン万次郎も任命されていた。友五郎は、数学を教えるために、イギリス人アレキサンダー・ワイリーと中国人李善蘭が著した『代微積拾級《だいびせきしゅうきゅう》』（原本はLoomisの『Elements of Analytical Geometry and of the Differential and Integral Calculus』らしい）を購入して利用することにした。

翌六月に公布された『長谷川社友列名』では、友五郎は正統に次ぐ斎長《せいちょう》に名前が載った。数学道場の仲間たちの間でも、長崎海軍伝習所での活躍が認められたのだ。

別船仕立ての儀

安政四年六月十七日、開国を迫る列強各国との折衝に当たり、友五郎や万次郎の抜擢を承認してきた阿部正弘が、三十九歳の若さで病死する。優秀な指導者を失って、幕府の前途に暗雲がたれこめた。

翌安政五年六月十九日、日米修好通商条約が、神奈川沖のアメリカの蒸気船ポウハタン号上で調印された。これは大老の井伊直弼《なおすけ》が、孝明天皇の許可を得ないまま強行したものだったので、尊皇攘夷派の激しい反発を呼んだ。これに対し、井伊直弼も強硬な姿勢を崩さず、反対派の弾圧を始めた。いわゆる安政の大獄である。

政情不安の中、幕府は海軍の強化を急いでいた。友五郎が出仕していた軍艦教授所を新たに軍艦操練所と改名し、その総督を軍艦奉行として、海軍の統括者であることを明確にした。一方で、三期生を迎えていた長崎海軍伝習所を閉鎖し、海軍教育を軍艦操練所に一本化した。

幕府海軍の船数も着々と増えていた。黒船来航の際にオランダに発注した蒸気軍艦二隻は、ヤッパン号あらため咸臨丸とエド号あらため朝陽丸《ちょうようまる》として、海軍に組み込まれた。また、イギリス製の鵬翔丸《ほうしょうまる》を購入したのに続き、日英修好通商条約調印を記念してイギリスから寄贈されたエンペラー号あらため蟠竜丸《ばんりゅうまる》も加わった。多くの船を抱えるようになり、航海訓練の機会が大幅に増えた。また船の維持管理や修理を学ぶ機会もそれだけ増えた。それらはすべて貴重な経験となって、友五郎の中に蓄積されていった。

その年の九月、日米修好通商条約の批准書交換のため、アメリカの首都ワシントンに使節を派遣することが、正式に決まった。正使には外国奉行の新見正興《しんみまさおき》、副使には同じく外国奉行の村垣範正《むらがきのりまさ》、目付には小栗忠順《おぐりただまさ》が選ばれた。

このとき、正使ら一行とは別に、日本人だけで船を仕立て、アメリカへ渡航する計画が検討されていた。別船仕立ての儀という。もともとこの計画を発案したのは、長崎海軍伝習所設立を推進した外国奉行の水野忠徳《ただのり》や永井尚志らだったが、現在、軍艦奉行並の木村喜毅《よしたけ》を中心とする軍艦操練所のメンバーが、それを引き継いでいた。

自前の軍艦を操作してアメリカに渡り、彼の地でも海軍というものを実際に見聞できれば、日本の海軍建設を加速させることができるというのが木村らの主張だった。

そして、この計画に人一倍熱心だったのが、勝麟太郎である。勝は長崎海軍伝習所の一期生の中で最後まで長崎に残っていたが、この頃には、軍艦操練所の教授方頭取に就任するため、朝陽丸を操船して江戸へ帰ってきていた。遠州灘で難航したものの、初めて太平洋つまり外洋を渡って十日ほどで帰府したことで、航海術に相当な自信を持っていたようだ。

しかし、幕閣には彼らの航海術が疑問視され、その目的だけでは容易に認められなかった。結局、別船仕立ての儀は、正使らに万が一のことがあった場合に代わって批准書を交換できる副使に相当する人物、すなわち軍艦奉行並の木村喜毅を乗せることを条件に認められることになった。

木村は慎重の上にも慎重を期した。いざというときのために、家財を売り払って多額の金銀を持参したほどの人である。木村は、アメリカ海軍の軍人を乗せることにした。ちょうど七月にアメリカ海軍の測量船フェニモア・クーパー号が浦賀沖で座礁し、船長のブルック大尉らが横浜に滞在しながら帰国の機会を待っていたのだ。ブルック大尉は北太平洋を熟知しているベテランで、航海術においては優れた技術を持っていた。無事にアメリカまで着けば、彼らも帰国できるし、アメリカへ恩を売ることもできる。航海中に万が一のことがあれば助けてもらえるし、何事もなくても彼らの技術指導を受けられれば、一挙両得以上である。そう考えたのだ。

日本人だけで太平洋を横断したかった勝麟太郎は真っ向から反対したようだ。しかし、木村と二人でブルック大尉に会いに行った際、その知識と経験そして軍人らしい風格の前に圧倒され、さしもの勝も異議を唱えることができなかったという。

十一月、軍艦奉行に昇格した木村は、正式に遣米使節の副使を拝命し、咸臨丸で太平洋横断に挑むことになった。友五郎も筆頭測量方として、咸臨丸の乗船メンバーに選ばれた。ジョン万次郎も通訳として出航直前に乗船が決まった。

咸臨丸による太平洋横断

安政七年(一八六〇)一月十三日、咸臨丸は品川沖を出航した。神奈川を経由し、横浜でブルック大尉以下十一名を乗船させて、浦賀に着いた。

水の積み込みをおこなっている間、友五郎はブルック大尉の前で天体測量をおこなってみせた。友五郎のなめらかで迅速な機器の操作と正確な計算結果は、ブルック大尉を驚嘆させた。

一月十九日、正使ら七十七人を乗せたポウハタン号に三日さきがけて、咸臨丸は浦賀を出航した。サンフランシスコまで大圏《たいけん》コースを突っ走る計画だ。大圏コースとは、地球儀上で出発地と到着地を結んだとき、距離が最短となる航路である。現代でも、経済性の観点から輸送船が利用する。

咸臨丸が選んだ大圏コースは、北太平洋を通ることになる。しかも冬である。冬の北太平洋は荒れることが分かっていたが、何が何でもポウハタン号より先にアメリカに着きたかった。

鈴藤勇次郎筆「咸臨丸難航図」（木村家所蔵・横浜開港資料館保管）

遠洋航海未経験者ばかりで、はやる気持ちが抑えられなかったのである。

　大圏コースは、想像を絶する難航海だった。サンフランシスコまでの三十八日間で、晴天はわずか四、五日しかなかった。海が大荒れのときも、平生《へいぜい》と変わらぬ操船をしたブルック大尉ら十一名に対し、日本人側は、友五郎やジョン万次郎、運用方の浜口興《おき》右《え》衛門《もん》ら数名を除いて、ほとんどが船酔いで船室から出られなかったのである。あれほど日本人だけの太平洋横断に自信を持っていた艦長の勝麟太郎も、出航以来体調不良で指揮がとれなかった。

　沖乗り（外洋航海）では、船の進路を決定するため、船の位置を正確に測定することがきわめて重要だった。そして、それは測量方の友五郎の責務である。

咸臨丸では、六分儀《ろくぶんぎ》（セキスタント）や時辰儀《じしんぎ》（クロノメーター）などを使い、また太陽の位置から「正午の船の経緯度」を計算していた。友五郎とブルック大尉のそれぞれが計算結果を艦内に掲示していた。両者の計算結果には、たいていわずかな差しかなかった。友五郎の実力は、測量の専門家だったブルック大尉も一目を置くほどのものであった。

サンフランシスコが近くなって、西海岸が見える時刻を予想したときは、さすがにブルック大尉の方が的中したが、それでもブルックは、祖国の地を踏んだ後、ことあるごとに友五郎の測量技術をアメリカ人たちに誉めて聞かせた。

サンフランシスコに着いたときは、咸臨丸は帆が破れ、艦底やスクリューにも損傷が多く、修理が必要な状態だった。修理にはおよそ一ヶ月半を要した。その間に友五郎は、蒸気方の肥《ひ》田浜五郎《だはまごろう》らと、咸臨丸を修理したメーア島の海軍工廠《こうしょう》だけでなく、市中の鉄工所も訪れ、各種機械加工設備を見学し、克明にメモをとっていた。日本に海軍を備えるには重要な知識である。

二ヶ月近い滞在を終えた咸臨丸の一行は、近代化されたアメリカの実態を目に焼き付けて帰国の途についた。復路は、ハワイ経由の安全な航路である。復路でも木村喜毅は何人かのアメリカ人水夫を同乗させたが、彼らの出番はなかった。

無事帰国した木村は、『奉使米利堅紀行』の中に次のように書いている。

扨此《さて》航海は吾国の未曾有《みぞう》の大業ゆへ、人々も皆危ぶみ予も安からずと思ひしに、聊《いささ》かの滞りもなく事済しは、是れ実に皇国《こうこく》の威霊《いれい》にして、また我諸士の勤労によるものなり。就中《なかんずく》小野友五郎の測量は、彼邦人にも愧《は》じざる業《わざ》にして、今度初めて其の比類なき事を知れり。

海軍強化に奔走した友五郎

帰国後の六月、航海の功が認められた友五郎は、将軍家茂《いえもち》に謁見を許された。笠間藩主は、この栄誉に驚くとともに喜び、彼を物頭格《ものがしらかく》というさらに上の上士に一気に昇進させて花を添えた。

軍艦操練所に戻った友五郎は、国防のためには海軍力整備こそ焦眉《しょうび》の急《きゅう》と考え、小型蒸気軍艦の国産を幕府に建言した。友五郎の脳裏には、サンフランシスコ港で見た軍艦や、アルカトラズ島にある二百五十門の砲台などの威容がよみがえっていたのだろう。

十一月に雛型《ひながた》の水槽実験の許可を得た。基本設計は友五郎、機関設計は肥田浜五郎が担当した。実験に成功し、翌万延二年（一八六一）一月には建造が正式に承認され、友五郎はプロジェクトチームのリーダーとなった。二年後の文久三年（一八六三）七月、ボイラー、エンジンまで純国産の軍艦「千代田形《ちよだがた》」は進水式を迎えた。

この間、文久元年（一八六一）七月、友五郎は正式に幕臣に登用され、小十人格《こじゅうにんかく》軍艦頭取に任ぜられた。幕末の常陸笠間藩の正式記録は友五郎の活躍に紙面を多く割いているが、この幕臣登用で終わっている。

同年九月、外国奉行の水野忠徳に小笠原諸島の調査が命じられ、艦長として友五郎が任命された。この調査は、本来は咸臨丸が米国から帰国する際に立ち寄って行う予定だったが、ボイラーの不調や石炭不足などのため断念していたものだった。

小笠原諸島は無人島（ボニンシマまたはムニンシマ）といい、寛文十年（一六七〇）の発見以来、ほとんど放置状態だった。その間に、太平洋捕鯨の隆盛により、補給基地として既に英米人らが居住していた。阿片戦争の例を見るまでもなく、小笠原諸島の領有確定は、日本の海防上、重要課題のひとつだった。

咸臨丸による小笠原諸島への航海は、ジョン万次郎も一緒だった。往路は太平洋横断時の再現かと思えるほどの悪天候に見舞われたが、今度は本当に日本人だけでこの航海をやり遂げた。

二ヶ月半にも及ぶ父島、母島などの実地踏査を経て、友五郎は、正確な小笠原諸島の海図と地図を作成した。小笠原諸島の回収交渉は維新後も続き、明治九年（一八七六）十月、日本領土として確定したが、この時に友五郎が作った実測図の存在が交渉の切り札となったといわれている。

また友五郎は、文久二年（一八六二年）には『江都《こうと》海防真論《かいぼうしんろん》』を著している。これは江戸湾内の深さや潮流にも言及した科学的事実に基づく海防論だった。この本が当時勘定奉行だった小栗忠順の目に留まり、友五郎は小栗から巨大な軍艦を作るための造船所建設計画の相談を持ちかけられた。友五郎は建設予定地の実地調査を引き受け、その後、横須賀製鉄（造船）所建設計画としてまとめられるが、建設途中で幕府が倒れ、造船所は明治新政府へと引き継がれることになる。

実地調査を終えた友五郎には、早くも次の任務が待ち構えていた。海軍拡充計画の一環で、南北戦争後の余剰軍艦購入のための渡米だった。軍艦に詳しく、渡米経験もある友五郎は正使に任命された。

ワシントンでは待っていたブルックと再会し、彼から購入すべき軍艦について助言を得た。正使である友五郎は、ホワイトハウスでジョンソン大統領にも謁見することができた。そして、当初の目的である、南軍の装鉄艦、ストンウォール号を購入して帰国の途についた。もっとも、翌年にストンウォール号が日本に到着したのはまさに幕府瓦解《がかい》のときで、同艦は明治政府軍の手に渡ることになる。同艦は後に東艦《あずま》とあらためられ、千代田形とともに明治海軍の代表軍艦となった。

慶応三年（一八六七）六月にアメリカから帰国した友五郎を待ち受けていたのは、過酷な運命だった。新設された勘定頭取就任を経て十月には勘定奉行並に昇進するが、十月に徳川慶喜は大政奉還に踏み切った。大政奉還は、本来は雄藩連合を導いて徳川家の存続を意図したものだったが、十二月の王政復古のクーデター、そして翌年一月の鳥羽伏見の戦いを通じて、徳川側は徹底して朝敵に仕立てられた。友五郎は鳥羽伏見の戦いでは兵站係《へいたん》として奔走したが、徳川軍はあえなく敗退した。

江戸に逃げ戻った慶喜は、勝麟太郎の恭順路線を採り、友五郎の上司にあたる勘定奉行・小栗忠順ら主戦派をことごとく粛清した。友五郎も逼塞《ひっそく》処分となり、四月には江戸城に入城した官軍から「主戦派のリーダー」との濡れ衣を着せられて、揚がり屋（武士の牢屋）入りとなってしまう。その獄中で、共に海軍創設や日本の近代化に尽くしてきた小栗忠順が、官軍によって領地で斬首されたことを知った。

その後、友五郎は六月に出獄を赦《ゆる》されるが、その時にはもはや自らが忠誠を誓ってきた徳川幕府は跡形もなく消え去っていた。

明治政権下で見せた矜持

明治に入ると、旧幕府海軍関係者はそのまま新政府の海軍建設に協力する者が多かった。友五郎にも再三海軍からの出仕要請があった。しかし、信義を重んじる友五郎はこれを辞退し続けた。日本海軍の創設は徳川幕府が進めてきたという自負があったから、その上前をはねて行くような明治政府に協力する気はなかったのだろう。

しかし、国を思う気持ちは人一倍強い友五郎である。海軍以外なら貢献してもよいと考えたのだろう、民部省からの出仕要請を受けた。仕事は鉄道敷設のための測量業務である。二度の訪米で鉄道の圧倒的な輸送力を見てきた友五郎は、日本の近代化に鉄道が欠かせないことを知っていた。准十二等という低い待遇だったが、気にしなかった。

早速、イギリス人技師らとともに、新橋—横浜間の測量に従事したが、友五郎は日本人の中で技師長を務めたという。続けて、東西両京を結ぶ路線として、東海道筋、中山道筋のどちらが良いか、日本人だけによる路線調査を命じられた。友五郎は、適切なルートを検討し、工事費も見積もって、東海道筋を勧める報告をした。

西洋数学を生かし、技術官僚として活躍した友五郎だったが、和算を捨ててしまったわけではない。友五郎は明治十年（一八七七）に発足した日本最初の数学学会「東京数学会社」に参加する一方で、同じ年の『長谷川社友列名』にも、ちゃんと斎長として名を連ねている。友五郎にとって、西洋数学と和算は決して対立するものではなく、それぞれ伝統に根ざした尊い学問であった。

小野友五郎肖像（笠間稲荷神社蔵）

明治政府は明治五年（一八七二）の学制公布で、数学教育は和算でなく洋算を用いると決めた。しかし友五郎は、初等数学教育は、洋算・筆算一辺倒ではなく、和算・珠算併用にすべきだと文部省に訴えた。そろばんはもちろん、和算も全国に普及しているのである。その蓄積を生かしながら西洋数学を学んだ方がよほど効率的であることは、自らの経験に照らしても明らかであった。その結果、小学校の算術教育は当分の間併用することが決まり、実にこれは大正年間まで続いた。友五郎は、その後も日本の数学教育に並々ならぬ関心を持ち、小学校用の教科書『尋常小学新撰洋算初歩』を書くなど、和算出身の数学者として尽力した。

一方、友五郎は、後半生を製塩技術開発に捧げ、独自の天日製塩法を完成させる。明治三十一年（一八九八）、播磨国大塩村（現兵庫県姫路市）に招かれて製塩法の実地指導をしていたところ体調を崩し、帰京したのち、十月二十九日、八十一歳でその波乱の生涯を閉じた。

幕末から明治にかけて、日本はまさに激動の時代だった。友五郎は運命に翻弄されながらも、信義を重んじ、己の為すべき仕事に黙々と取り組んだ。幕末から明治にかけて活躍し、のちに偉人と呼ばれた人たちのような派手さはないが、友五郎のような人物が、和算の文化、そして日本という国を支えてきたのである。

おわりに

日本社会の閉塞状態が叫ばれて久しい。
国際競争力が低下し、巨額の財政赤字が積み上がり、少子高齢化が加速していく状況の中で、何ら効果的な対策が打てていない。グローバル時代の中で、日本は孤立し、世界から取り残されそうである。

本書では、江戸時代に入って、和算が飛躍的に発展した時代、和算が家元制度のようなしくみで閉鎖的になりかけた時代、そして日本が侵略の危機の中で近代化を進めた幕末維新の時代に活躍した和算家たちを、恣意的に選んで解説してきた。

吉田光由《みつよし》は、『塵劫記《じんこうき》』の出版によって和算発展の導火線に火をつけた。『塵劫記』によって、そろばんを使える人が増え、多くの数学愛好家が生まれた。『新編塵劫記』につけた解答のない問題は、遺題継承や算額奉納の習慣を誘った。これによって、ほうっておいても民間レベルでの競争や交流が誘発され、日本の数学が向上するしくみができたと言っていい。光由は、数学を学ぶ人すらまれだった時代に、高度な数学を身につけ、土木事業を成功させた技術者でもあった。

太陰太陽暦の作成も、当時の数学の重要な研究分野だった。渋川春海《はるみ》は、日本人による最初の太陰太陽暦「貞享暦《じょうきょうれき》」を作った。地道な天体観測で、中国の授時暦が優れていることを確かめたが、春海の凄さは、授時暦をそのまま用いなかったことだ。中国と日本の経度差を『坤《こん》輿萬國全圖《よばんこくぜんず》』から読み取って「貞享暦」に反映した。まだ地動説が伝わっていなかった時代に、世界観、地球観を持っていての仕事だった。春海は碁師としては名人になれなかったが、改暦事業という京都朝廷陰陽寮との〝対局〟で一世一代の勝利を収めたのである。

関孝和《せきたかかず》が中国の伝統数学を超越したことは専門家の研究で明らかにされている。孝和によって日本の数学は和算と呼んでおかしくない独自性を持つにいたった。さらに彼は、鎖国時代にありながら、当時の最先端だった西洋数学に匹敵あるいは先行する研究成果を次々に上げた。日本の誇りであり正真正銘の天才であるが、彼は数学狂いの変人などではけっしてなく、養子に入った関家の存続とお役目を大切にする、ごく普通の武士でもあった。

建部《たけべ》賢弘《かたひろ》は関孝和の一番弟子であった。師匠によく似た実直な男であったが、彼の場合は、武士としても出世し、三人の将軍、家宣、家継、吉宗の側近として立派に働いた。数学者としても七十歳近くまで現役で、還暦目前に世界で初めて円周率の自乗の公式を発見するなど、師の関孝和に肩を並べる業績も残している。それでも最後まで関孝和への尊敬や兄賢明《かたあきら》への感謝を忘れることはなかった。

この時点、つまり江戸時代中期までに、多くの日本人が九九の暗算ができ、そろばんを使えるようになっていた。算木・算盤や関孝和が発明した独自の筆算法を用いた高度な数学を研究する人々も非常に増えた。

和算の世界は、ルーツである中国や朝鮮を超えて発展した。それは、戦後の日本の自動車産業が、品質管理とたゆまぬ改善努力で、本家本元のアメリカを超えて発展したのと似ている。あるいは、日本の半導体製造業が、日本人らしいきめ細やかな感性を働かせた微細加工技術を開発し、世界を席巻した時代とも似ている。

江戸時代中期以降、特に高度な数学研究においては、関流を中心にいくつかの流派による免許制度が生まれ、研究成果を秘伝・奥義と称し、互いに秘密主義に走った。流派の維持拡大には効果的な戦略だったかもしれないが、鎖国の中で、さらに閉じた世界を作ろうとしたのだから、学問の発展という意味では、きわめて危険な状況だった。

有馬《ありま》頼徸《よりゆき》は、二十一万石の大名という強い立場にいたこともあるが、知的欲求のおもむくままに、当時の関流の奥義を『拾璣《しゅうき》算法《さんぽう》』の出版という形で公開してしまう。これは、結果として、どれだけ和算発展の役に立ったかしれない。

数学論争で有名な会田《あいだ》安明《やすあき》は、数学に対する情熱が尋常ではなかった。関流の秘密主義に対抗して、二千冊にもおよぶ膨大な書物で最上流《さいじょうりゅう》の数学を公開し、弟子たちにそれを広く伝えていくことを奨励した。神谷定令《ていれい》との論争は、表現方法に品性を欠いた面もあったが、それでも学問を高めていくために公開の場で堂々と議論した姿勢には見習うべきものがあろう。

山口和《かず》は長谷川寛の開いた開放的な数学道場で、弟子を教え育てる喜びに目覚める。そして、生涯に六回も遊歴の旅に出た。北海道を除くほぼ全国のできるだけ僻地を回り、数学の魅力を伝えて回った。江戸で研究だけをしていたら、優れた業績を残していたかもしれないが、数学の魅力を伝えて回った。和のような遊歴算家は他にもおり、和算文化の底上げに大きく貢献したのは間違いない。

最後は小野友五郎《ともごろう》である。ペリー来航に始まる怒濤のような幕末維新の混乱の中で、友五郎は西洋数学を学び、それを生かして日本の近代化に貢献した。最先端の西洋文明に圧倒されながらも、日本人としての矜持を失うことなく、国家のために自らが為すべきことを為した。明治になってからも、日本独自の文化である和算の良さをきちんと残すことに力を注いだ。

日本の開国は、ペリー艦隊の砲艦外交によるもので、決して自ら望んだものではなかった。しかし、その後の日本人は驚異的な適応力を発揮し、先進国の仲間入りを果たした。それは決して明治維新の元勲たちだけの功績ではない。むしろ友五郎のように、一人ひとりの日本人が自らのやるべきことを黙々と果たしてきた結果であろう。

本書で取り上げた和算家たちは、必ずしも「天才」という表現が似合う人物ばかりではないかもしれない。しかし彼らは、鎖国政策が徹底された時代にあっても、決して向学心を失ったり、内向き志向に陥ったりしなかった。日本人らしい繊細な感性と実直な勤勉さもいかんなく発揮した。だからこそ、和算を世界に通用する文化として発展させることができたのだ。

グローバル時代に突入して久しいが、現代の日本人は進むべき方向性を見失っているようだ。しかし、闇雲に行く先を探し求める前に、先ず足元を、先人たちが歩んできた足跡を振り返ってみたらどうだろう。

幕末から明治維新にかけて、日本は現在よりもっと厳しいグローバル化の大波に晒された。しかし、日本人はそれをたくましく乗り切ってきた。そしてその後も、幾多の試練を経ながら、日本は発展を遂げてきた。

実は筆者は、長年自動車産業の生産技術者として働いてきた。技術競争の現場でしのぎを削るうちに、グローバル時代の企業経営のあるべき姿を考えるようになり、現在ビジネススクールで学んでいる。アングロサクソン流のＭＢＡは、拝金主義的で格差拡大を助長するグローバル資本主義を作り上げてきたが、もっと世界全体の幸福につながるような健全な競争と成長のモデルがあるのではないだろうか。

筆者は、本書であげた天才和算家たちの生き方の中に、偏狭な閉鎖主義にも、無分別な西洋崇拝にも陥らない、しなやかな知識社会を創造する可能性を見る。そして、ともすればグローバル化の本質から目をそむけ、知的怠惰に陥りがちな我々が学ぶべき点、立ちはだかる困難さの前に挫けそうになってしまう我々が勇気を得る要素が、そこには多々あるように思うのだがいかがだろうか。

一介の小説家が、まがりなりにも事実に即した和算家の足跡を書くことができたのは、和算を研究する多くの先生方のお力添えがあったからに他ならない。紙幅に限りがあるので、ここでは、本書執筆にあたり特に文献、資料等でお世話になった先生方を中心に、感謝の気持ちを表したい。

まず第一に、面識もなかったにもかかわらず、二〇〇三年の京都大学附属図書館公開企画展「和算の時代」にて講演の機会を与えていただき、以後、筆者が和算と真剣に取り組むきっかけをくださった上野健爾・京都大学名誉教授（日本数学協会会長、関孝和数学研究所所長）に御礼申し上げたい。また、日本数学史学会の佐藤健一会長からは、その著書や論文を通して多くを学ばせていただいたのみならず、浅学の筆者の質問に対して懇切丁寧な回答を頂戴した。深川英俊先生には、特に算額について教えていただいた。付録問題3は深川先生の著書『聖なる数学』から拝借したものである。二〇〇八年の「関孝和三百年祭」以来親しく教えていただいているのが、真島秀行先生、小林龍彦先生、城地茂先生、森本光生先生である。近畿和算ゼミナールの小寺裕先生には多くの資料写真を、藤井康生先生からは付録問題4の解答を提供いただいた。同ゼミナールの竹之内脩先生、島野達雄先生の文献も多々利用させていただいた。さらにここでは名前を挙げられなかった多くの関係者に深く感謝申し上げたい。

最後に、楽しい和算遊歴の旅に出て（資料調べに没頭して）、執筆が遅れがちだった筆者を粘り強くリードしてくださった編集者の三辺直太氏にも御礼申し上げる。

付録問題

最後までお読みいただき、ありがとうございました。

さて、吉田光由が『新編塵劫記』の巻末に答えを明かさない問題をつけたことが、「遺題継承」の習慣を生み、結果的に和算文化の発展に大きく貢献することになったのは、本文で述べた通りです。

そこで、本書も光由のひそみに倣って、巻末に和算の練習問題を4問載せることにしました。本当は答えも明かさないでおこうかと思ったのですが、念のために解答も書いておきました。

いずれの問題も高校数学レベルの知識で解けるはずなので、まずは答えを見ないで自力で挑戦してみて下さい。

皆さんのご健闘をお祈りしております。

鳴海風

（著者HP　http://www.d2.dion.ne.jp/~narumifu/）

付録問題１：元祖「ねずみ算」

吉田光由の『塵劫記』から、有名な「ねずみ算」の問題です。寛永四年（一六二七）の初版にはない問題ですが、寛永八年（一六三一）以降の版には掲載されています（下図）。

さて、問題は次の通りです。正月に父ネズミと母ネズミから12匹の子ネズミが生まれました。オスメスそれぞれ6匹ずつです。2月に、7組の親からそれぞれ12匹の子ネズミが生まれました。同じくオスメスそれぞれ6匹ずつです。これが毎月繰り返されていくとして、12月にはネズミは何匹になっているでしょうか？

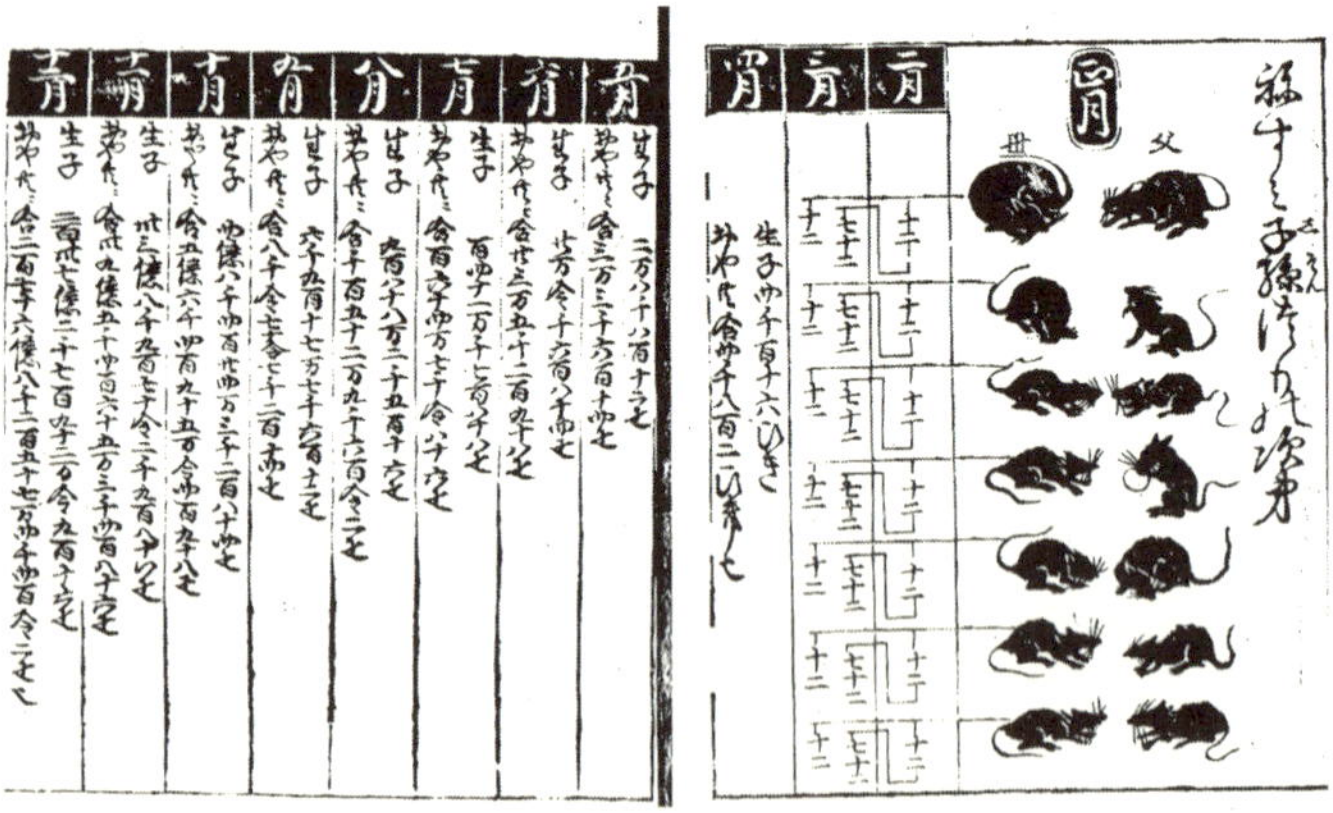

『新編塵劫記』より（東北大学附属図書館蔵）

※解答は178ページにあります。

付録問題２：「冬至点」の求め方

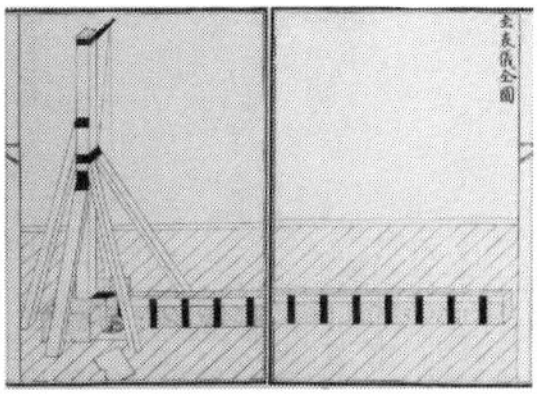
『寛政暦書』より（国立天文台蔵）

渋川春海は『授時暦儀』を研究して、黄道上で太陽が最も南に来る冬至点（黄経 270 度の日時）を求めました。

冬至点を求めるためには、祖沖《そちゅう》之《し》の方法といって、左図のような「圭表」で、冬至点の前後３回、太陽が南中したときの日影の長さを測定し、下記のグラフと式から計算します。

実際、『授時暦儀』には、至元十四年（一二七七）に、高さ８尺の圭表で測定したところ、次の３つの値が出たとされています。はたして、この年の冬至点は何日でしょうか？

11 月 14 日……79.4855 尺
11 月 21 日……79.5410 尺
11 月 22 日……79.4550 尺

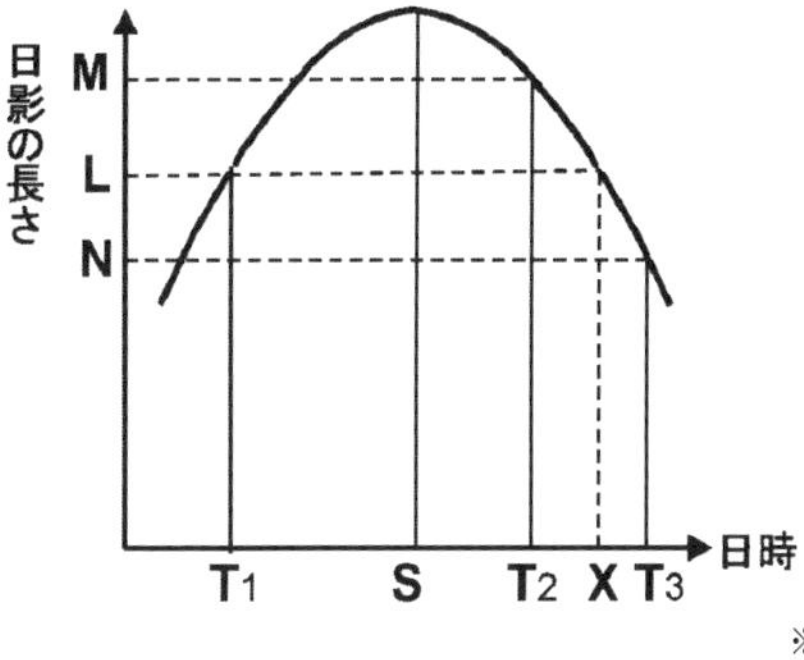

冬至点 $S=(X+T_1)/2$

※解答は 179 ページにあります。

付録問題３：「組み紐」の問題

有馬頼徸の『拾璣算法』巻二に組み紐を連想させる問題があります（右図）。

（国立国会図書館蔵）

正 12 角形の頂点の位置に針を刺して、下図のように糸を巻きます。このとき、中央にできる小さな正 12 角形の 1 辺の長さを求める問題です。

下記の図で、糸の全長 ℓ =150 寸のとき、1 辺の長さ s はいくつでしょうか？

余談ですが、この問題は『拾璣算法』が出た 50 年後に長崎の諏訪神社に算額となって奉納され、その 3 年後に訪れた山口和も『道中日記』に書き写した“名問”です。

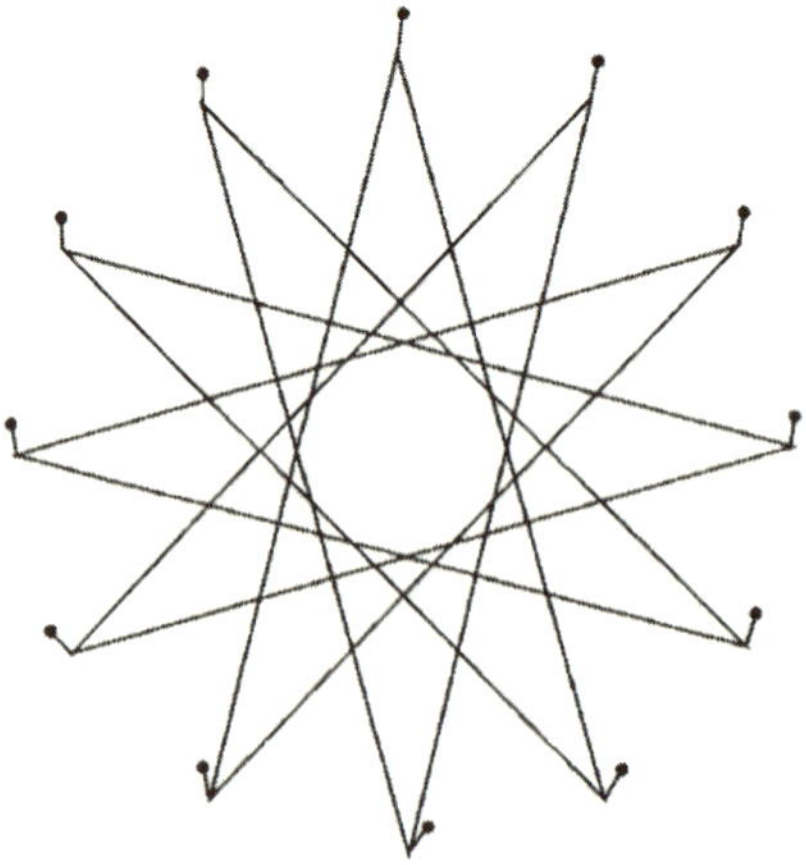

※解答は 180 ページにあります。

付録問題４：「円の組み合せ」問題

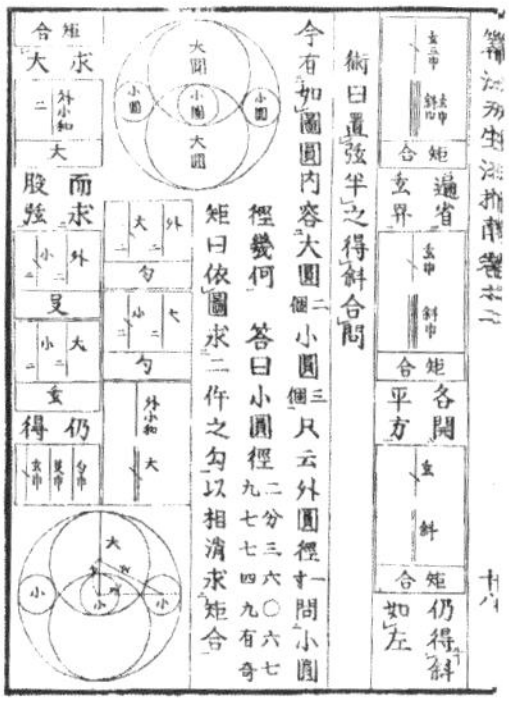

（東北大学附属図書館蔵）

会田安明は図形問題も得意でした。『算法天生法指南』巻二に、安明らしい鮮やかな解き方を見せた問題があります（左図）。

さて、下図のように、外円の中に大円２個と小円３個が入っています。外円の直径が１寸のとき、小円の直径はいくつでしょうか？

図形問題は補助線の引き方で勝負が決まりますので、じっくり図形を眺めながら考えてみて下さい。

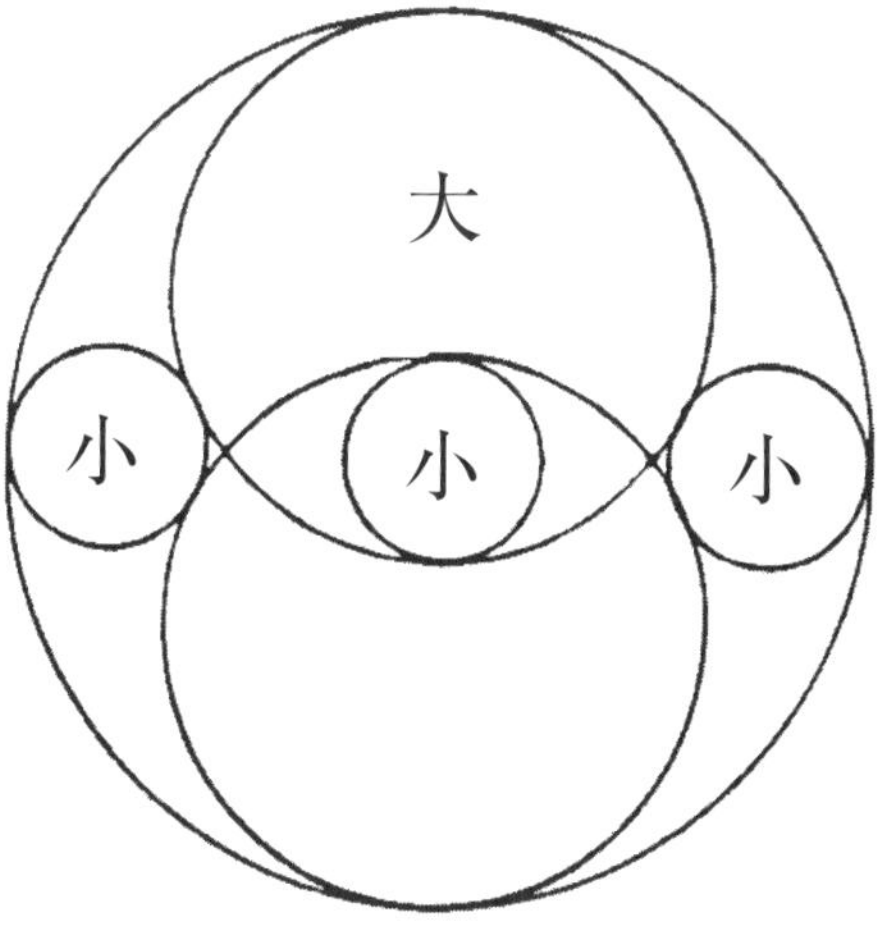

※解答は181ページにあります。

付録問題１の解答

現代の数学で考えれば、毎月毎月７倍に増える等比数列になっていることに気付きます。

正月には、親ネズミ２匹と子ネズミ12匹で合計14匹ですから、(2×7) 匹と考えます。２月に［(2×7) /2］組の親からそれぞれ子ネズミが12匹生まれますから、親ネズミと子ネズミの数を合計すると、

$$(2\times7)+\frac{(2\times7)}{2}\times 12=(2\times7)+(2\times7)\times 6=(2\times7)\times7$$

正月から並べてみましょう。

(2×7)、$(2\times7)\times 7$、$(2\times7)\times 7\times7$、……

初項が (2×7) で、公比７の等比数列になっています。

そのように考えると、第12項が答えになりますから、

$2\times7^{12}=27,682,574,402$

つまり、正解は**276億8257万4402匹**になります。

前の月のネズミの総数に７を掛けるとその月のネズミの総数になることが分かれば、そろばんを使って最初に２を置いて、あと「７を掛ける」計算を12回繰り返していけば答えにたどりつけます。

276億8257万4402匹はとても大きな数字ですが、それでも11桁です。そろばんは一般に23桁ありますから、さほど苦になる計算ではありませんでした。

付録問題２の解答

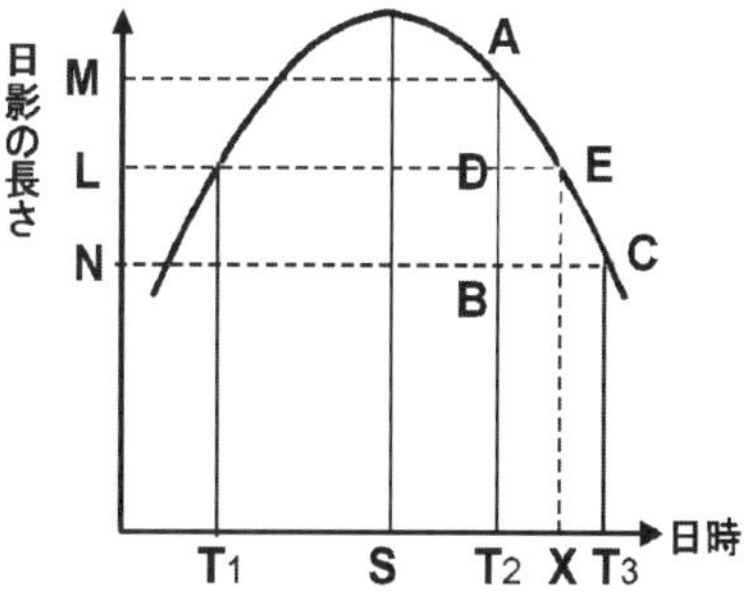

祖沖之の方法では、図の中のADBCEを直角三角形に見立てます（厳密にはAECは直線ではありませんが）。AB：BC=AD：DEになるので、以下の式が成り立ちます。

$$(M-N):(T_3-T_2)=(M-L):(X-T_2)$$

$$X=\frac{M-L}{M-N}(T_3-T_2)+T_2 \quad \cdots ①$$

$$S=\frac{X+T_1}{2} \quad \cdots ②$$

各アルファベット記号に代入する数値は、まず縦軸の観測した日影の長さが、それぞれL=79.4855尺、M=79.5410尺、N=79.4550尺です。次に横軸の日時ですが、太陽が南中する時刻は正午（1日の真ん中）なので、T_1=14.5日、T_2=21.5日、T_3=22.5日とします。

各値を式①へ代入すればXが出て、それを式②に代入すると冬至点S=18.322674……となります。つまり、この年の冬至点はおよそ**11月18.322674日**だったことになります。

付録問題３の解答

12本のピンの外接円を考えます。

下図において、円周角２αは、中心角（360/6）度=60度の半分なので30度。つまりα=15度となります。

また、中央の小さな正12角形についても、その外接円を考えると、βは中心角（360/12）度= 30度の半分なので、こちらもβ=15度。つまり、$\alpha=\beta$=15度となります。

一方、図の中の直角三角形OABに着目すると、次の関係があります。

$\tan\beta = s/(2t)$

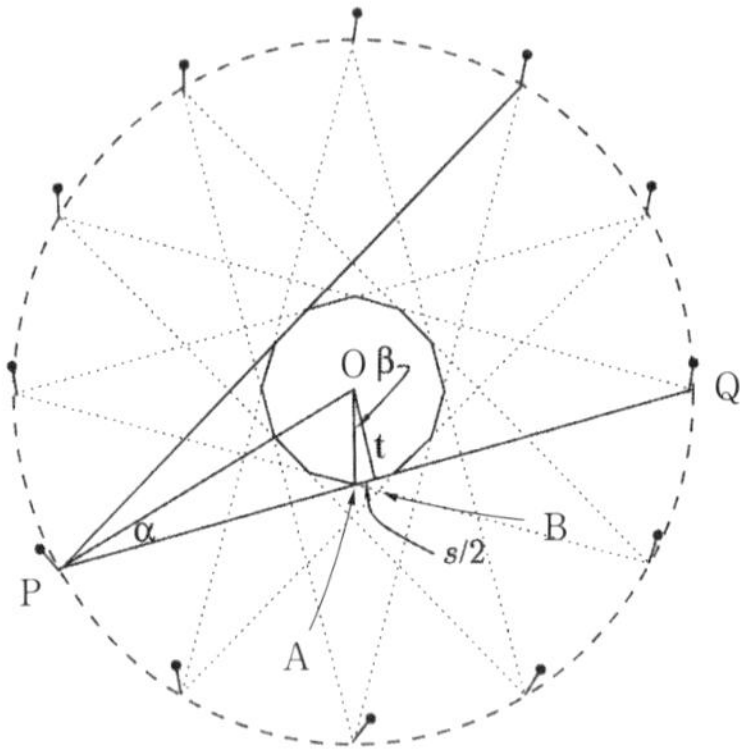

弦PQの長さはℓ/12なので、PBはその半分になり、

$\tan\alpha = t/(\ell/24)$

となります。二つの式からtを消去すれば、一辺の長さsを求める式が次のように得られます。

$$s = \frac{\ell \tan^2 15^\circ}{12}$$

ℓ =150寸なので、s=0.8974596……寸となります。

参考資料：深川英俊、トニー・ロスマン『聖なる数学：算額』（森北出版）

付録問題４の解答

会田安明は、直角三角形ができるよう右図のように補助線を引きました。じつは問題ページの『算法天生法指南』画像の下の方に小さく図示されていたのですが、気が付きましたか？

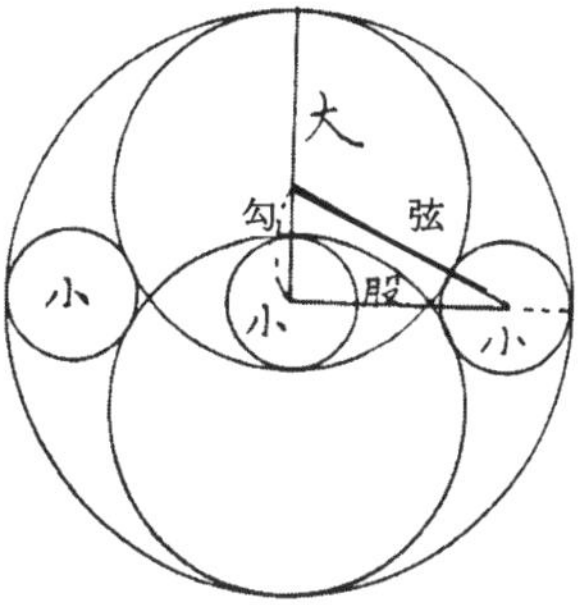

以下、外円径を外、大円径を大、小円径を小と書くと、次のように計算することができます。

$\text{勾}=\frac{\text{外}}{2}-\frac{\text{大}}{2}$　または　$\text{勾}=\frac{\text{大}}{2}-\frac{\text{小}}{2}$

よって　$\text{外}+\text{小}-2\text{大}=0$　　$\text{大}=\frac{\text{外}+\text{小}}{2}$　…①

$\text{股}=\frac{\text{外}}{2}-\frac{\text{小}}{2}$　　　$\text{弦}=\frac{\text{大}}{2}+\frac{\text{小}}{2}$

$\text{勾}^2+\text{股}^2-\text{弦}^2=0$　なので

$$\left(\frac{\text{外}-\text{大}}{2}\right)^2+\left(\frac{\text{外}-\text{小}}{2}\right)^2-\left(\frac{\text{大}+\text{小}}{2}\right)^2=0$$

$\text{外}^2-(\text{外}+\text{小})\times\text{大}-\text{外}\times\text{小}=0$

①から$\text{外}^2-(\text{外}+\text{小})\times\frac{\text{外}+\text{小}}{2}-\text{外}\times\text{小}=0$

$\text{小}^2+4\text{外}\times\text{小}-\text{外}^2=0$

根の公式から　$\text{小}=(\sqrt{5}-2)\text{外}$

外円径 = 1寸なので、**小円径＝ 0.2360679……寸**です。

参考資料：藤井康生『算法天生法指南（全五巻）問題の解説』（大阪教育図書）

主要参考文献

第一章

下浦康邦「吉田・角倉家の研究」「近畿和算ゼミナール報告集　第参輯」（近畿和算ゼミナール、一九九九年一月）

戸谷清一「『角倉源流系図稿』における毛利重能・吉田光由の事跡記載に関しての疑問」「数学史研究」通巻一二九号（日本数学史学会、一九九一年六月）

竹之内脩「塵劫記について」「数理解析研究所講究録一一九五」（京都大学数理解析研究所、二〇〇一年四月）

佐藤健一・訳・校注『『塵劫記』初版本―影印、現代文字、そして現代語訳―』（研成社、二〇〇六年四月）

与謝野寛・正宗敦夫・与謝野晶子編『日本古典全集第二回　古代数学集　上下』（日本古典全集刊行会、一九二七年十二月）

鈴木久男『珠算の歴史（増補訂正版）』（珠算史研究学会、二〇〇〇年九月）

平山諦『和算の誕生』（恒星社厚生閣、一九九三年五月）

島野達雄「江戸初期の和算とキリシタン」「第一六三回近畿和算ゼミナール」（二〇〇七年七月）

島野達雄「吉田光由の古暦便覧について」「第一一五回近畿和算ゼミナール」（二〇〇三年三月）

第二章
西内雅『澁川春海の研究』（錦正社、一九八七年十一月）
神田茂「渋川家に関する史料」「科学史研究第一号」（日本科学史学会、一九四一年十二月）
児玉明人「貞享暦改暦に就いて（一）～（三）（承前）」「和算研究七、八、十、十一号」（算友会一九六〇―六一年）
林淳『天文方と陰陽道』（山川出版社、二〇〇六年八月）
中山茂『日本の天文学』（岩波新書、一九九二年七月）
増川宏一『遊芸師の誕生』（平凡社選書、一九八七年九月）
増川宏一『碁打ち・将棋指しの江戸』（平凡社選書、一九九八年七月）
増川宏一『将棋の駒はなぜ40枚か』（集英社新書、二〇〇〇年二月）
増川宏一『将軍家「将棋指南役」』（洋泉社、二〇〇五年二月）

第三章
佐藤賢一『近世日本数学史　関孝和の実像を求めて』（東京大学出版会、二〇〇五年三月）
上野健爾・小川東・小林龍彦・佐藤賢一『関孝和論序説』（岩波書店、二〇〇八年十二月）
下平和夫『関孝和―江戸の世界的数学者の足跡と偉業―』（研成社、二〇〇六年二月）
平山諦『関孝和―その業績と伝記―』（恒星社厚生閣、一九八一年二月）

佐藤健一・真島秀行編『関孝和三百年祭記念事業実行委員会監修　関孝和の人と業績』（研成社、二〇〇八年一月）
日本数学協会編集「数学文化第十号　特集＝関孝和―没後三百年記念」（日本評論社、二〇〇八年七月）
『数学のたのしみ二〇〇六夏　関孝和と建部賢弘』（日本評論社、二〇〇六年八月）
真島秀行「関孝和三百年祭に明らかになったこと」「数学史研究（通巻二〇〇号）」（日本数学史学会、二〇〇九年一月）
真島秀行「「甲府日記」と「甲府御館記」にみえる関新助孝和」「数理解析研究所講究録一六七七」（京都大学数理解析研究所、二〇一〇年四月）
三上義夫「関孝和の業績と京坂の算家並に支那の算法との関係及び比較（一）」「東洋学報第二十巻第二号」（東洋文庫、一九三二年十二月）
竹之内脩「古今算法記の遺題について」「数理解析研究所講究録一三一七」（京都大学数理解析研究所、二〇〇三年五月）
杉本敏夫「関孝和の天文暦学研究」「数理解析研究所講究録一五一三」（京都大学数理解析研究所、二〇〇六年八月）
城地茂「中田高寛写・石黒信由蔵『楊輝算法』について」「数理解析研究所講究録一三九二」（京都大学数理解析研究所、二〇〇四年九月）
城地茂「関孝和と山路主住の接点」「数理解析研究所講究録一五一三」（京都大学数理解析研究所、二〇〇六年八月）

第四章

佐藤賢一『近世日本数学史　関孝和の実像を求めて』（東京大学出版会、二〇〇五年三月）
『数学のたのしみ二〇〇六夏　関孝和と建部賢弘』（日本評論社、二〇〇六年八月）
平山諦『改訂新版　円周率の歴史』（大阪教育図書、一九八〇年十一月）
小川束・平野葉一『数学の歴史―和算と西欧数学の発展―』（朝倉書店、二〇〇三年九月）
小川束・佐藤健一・竹之内脩・森本光生『建部賢弘の数学』（共立出版、二〇〇八年三月）
城地茂「関孝和と山路主住の接点」「数理解析研究所講究録一五一三」（京都大学数理解析研究所、二〇〇六年八月）
横塚啓之「『弧背截約集』上巻の影印」「数学史研究一八四号」（日本数学史学会、二〇〇五年）
横塚啓之「『弧背截約集』中巻の影印」「数学史研究一八五号」（日本数学史学会、二〇〇五年）
横塚啓之「『弧背截約集』下巻の影印」「数学史研究一八六号」（日本数学史学会、二〇〇五年）
川村博忠『国絵図』（吉川弘文館、一九九〇年十二月）
川村博忠『江戸幕府の日本地図』（吉川弘文館、二〇一〇年一月）

第五章

『改訂寛政重修諸家譜』第八、第二十（続群書類従完成会、一九六五年二月、六六年二月）
遠藤利貞『増修日本数学史』（恒星社厚生閣、一九八一年三月）
『新訂版　明治前日本数学史』（野間科学医学研究資料館、一九七九年十月）
『久留米市史』第二巻（久留米市、一九八二年十一月）

渡辺敏夫『近世日本天文学史』上巻（恒星社厚生閣、一九八六年六月）

第六章
平山諦・松岡元久編『会田算左衛門安明』（富士短期大学出版部、一九六六年九月）
『国史大系第四十八巻　続徳川実紀第一篇』（吉川弘文館、一九九九年七月）
城地茂「英国王立協会図書館蔵『算法童蒙須知』について」http://www.osaka-kyoiku.ac.jp/~jochi/j7.htm
深川英俊「算額と関流をめぐって」「数学文化第十号」（日本評論社、二〇〇八年七月）
北島正元『日本の歴史十八　幕藩制の苦悶』（中公文庫、一九七四年六月）
藤井康生『算法天生法指南（全五巻）問題の解説』（大阪教育図書、一九九七年一月）

第七章
佐藤健一『和算家の旅日記』（時事通信社、一九八八年五月）
佐藤健一・関邦義・西田知己『和算家・山口和の「道中日記」』（研成社、一九九三年三月）
藤井貞雄『山口坎山「道中日記」の算題』（自家版、二〇〇〇年四月）
石田哲弥『和算家山口坎山と道中日記　水原郷土誌料　第九集』（水原町教育委員会、一九七七年三月）
佐藤貞太郎『山口坎山の生家について　水原郷土誌料　第十三集』（水原教育委員会、一九八一年三月）
五十嵐秀太郎『評伝佐藤雪山』（恒文社、一九八九年五月）
松崎利雄「山口和『道中日記抄』」「数学史研究（六十六号）」（日本数学史学会、一九七五年）

山口倉八（長谷川門人）『山口氏廻国算法道行全』
『長谷川社友列名』天保十四年（一八四三）九月
『長谷川社友列名』嘉永四年（一八五一）四月
『長谷川社友列名』安政四年（一八五七）六月
深川英俊、トニー・ロスマン『聖なる数学：算額』（森北出版、二〇一〇年四月）

第八章

藤井哲博『小野友五郎の生涯』（中公新書、一九八五年十月）
藤井哲博『長崎海軍伝習所』（中公新書、一九九一年五月）
『長谷川社友列名』天保十四年（一八四三）九月
『長谷川社友列名』嘉永四年（一八五一）四月
『長谷川社友列名』安政四年（一八五七）六月
田中弘之『幕末の小笠原』（中公新書、一九九七年十月）
常陸笠間牧野家文書「家臣諸士年譜」「年数帳」「家譜書継伺（成儀～貞利）」元治元年（一八六四）丁卯十月ヨリ戊辰十月マテ元笠間藩記事」明治七年（一八七四）茨城県立歴史館蔵
ブルック大尉「横浜日記」「咸臨丸日記」『万延元年遣米使節史料集成』第五巻（風間書房、一九六一年八月）
村上泰賢『小栗忠順　従者の記録』（上毛新聞社、二〇〇一年十一月）
小松醇郎『幕末・明治初期　数学者群像（上）』（吉岡書店、一九九〇年九月）

坂本藤良『小栗上野介の生涯』（講談社、一九八七年九月）
文倉平次郎『幕末軍艦咸臨丸』（名著刊行会、一九六九年）
※右記以外にも多くの研究書および和算書原典（各図書館公開画像データ）を参考にさせていただきました

本書は書き下ろしです。

新潮選書

江戸《えど》の天才数学者《てんさいすうがくしゃ》　世界《せかい》を驚《おどろ》かせた和算家《わさんか》たち

著　者………………鳴海《なるみ》 風《ふう》

発　行………………2012年 7 月 25 日
7　刷………………2025年 5 月 10 日

発行者………………佐藤隆信
発行所………………株式会社新潮社
〒162-8711　東京都新宿区矢来町 71
電話　編集部 03-3266-5611
　　　読者係 03-3266-5111
https://www.shinchosha.co.jp
印刷所………………株式会社光邦
製本所………………株式会社大進堂

乱丁・落丁本は、ご面倒ですが小社読者係宛お送り下さい。送料小社負担にてお取替えいたします。
価格はカバーに表示してあります。

ISBN978-4-10-603712-2 C0341